Audi-Dissertationsreihe, Band 75

TECHNISCHE UNIVERSITÄT MÜNCHEN

Lehrstuhl für Ergonomie

Potenziale eines kontaktanalogen Head-up Displays für den Serieneinsatz

Boris Israel

Vollständiger Abdruck der von der Fakultät für Maschinenwesen
der Technischen Universität München zur Erlangung des akademischen Grades eines
Doktor-Ingenieurs (Dr.-Ing.)
genehmigten Dissertation.

Vorsitzender: Univ.-Prof. Dr. phil. Klaus Bengler

Prüfer der Dissertation:

1. Univ.-Prof. Dr. rer. nat. Heiner Bubb, i. R.
2. Univ.-Prof. Dr.-Ing. Markus Lienkamp

Die Dissertation wurde am 14.06.2012 bei der Technischen Universität München eingereicht und durch die Fakultät für Maschinenwesen am 13.12.2012 angenommen.

Bibliografische Information der Deutschen Nationalbibliothek

Die Deutsche Nationalbibliothek verzeichnet diese Publikation in der Deutschen Nationalbibliografie; detaillierte bibliografische Daten sind im Internet über http://dnb.d-nb.de abrufbar.

1. Aufl. - Göttingen : Cuvillier, 2013

Zugl.: (TU) München, Univ., Diss., 2012

978-3-95404-408-5

Nonnenstieg 8, 37075 Göttingen

Telefon: 0551-54724-0

Telefax: 0551-54724-21

www.cuvillier.de

1. Auflage, 2013

Gedruckt auf säurefreiem Papier

978-3-95404-408-5

Danksagung

Bedanken möchte ich mich bei allen, die zum Gelingen dieser Arbeit beigetragen haben. Mein besonderer Dank gilt Herrn Professor Bubb, der mir stets seine Erfahrung weitergab und neue Impulse setzte ohne meine eigenen Ideen einzuengen. Professor Lienkamp möchte ich dafür danken, dass er sich nicht nur die Zeit genommen hat meine Arbeit zu beurteilen, sondern auch Anregungen aus seinem Fachgebiet eingebracht hat. Der Dank an Professor Bengler gilt nicht nur seinem Prüfungsvorsitz sondern auch der spannenden und lehrreichen Zeit die ich bei ihm am Lehrstuhl verbringen durfte.

Meine Arbeit entstand am INI.TUM, einer Kooperation der Technischen Universität München mit der AUDI AG. Bedanken möchte ich mich somit auch bei allen Kollegen der Abteilung „Bedienung und Anzeige“ der AUDI AG, ganz besonders bei Bernhard Senner. Er stand mir immer bei allen Höhen und Tiefen mit seiner Erfahrung zu Seite. Ein großes Dankeschön geht auch an meine Kollegen des Lehrstuhls für Ergonomie und des INI.TUM für die vielen fachlichen Gespräche und die tolle Zusammenarbeit. Es war eine schöne Zeit!

Nicht zuletzt möchte ich meiner Familie und meiner Frau Daniela danken, die mir immer eine Unterstützung waren.

Inhaltsverzeichnis

Abbildungsverzeichnis

1 Einleitung und Aufbau der Arbeit

Trotz stetig sinkender Unfallzahlen und Verkehrstoter ist unbestritten, dass Fahrer Defizite bei der Ausübung der Fahraufgabe aufweisen. Sicherheitssysteme konnten diese Defizite in den letzten Jahren zwar immer besser ausgleichen, aber die gleichzeitig wachsende Komplexität des Straßenverkehrs erfordert eine immer höhere Aufmerksamkeit des Fahrers. Nicht alle Defizite führen zu Unfällen, aber Schwierigkeiten bei der Navigation beispielsweise belasten den Fahrer unnötig stark. Hiervon ausgehend konzentriert sich das erste Kapitel auf die Fahraufgabe und die Defizite des Fahrers. Um diese auszugleichen und den Fahrer auch von Routineaufgaben zu entlasten, wurde in den letzten Jahren eine Vielzahl an Assistenzsystemen entwickelt. Sie zielen darauf ab, eine höhere Konzentration auf die Verkehrssituation zu ermöglichen sowie höheren Komfort zu bieten. Hiermit verbunden zeigt sich bereits eine Änderung der Aufgabe des Fahrers vom eigentlichen Führen des Fahrzeugs hin zum Überwachen des Verkehrs und der Assistenzfunktionen. Doch auch beim Überwachen dieser Automatisierungen entstehen für den Menschen Schwierigkeiten, die ebenfalls im ersten Kapitel erörtert werden. Aus der Betrachtung der Fahraufgabe und der Überwachung von Assistenzsystemen resultieren als hauptsächliche Schwierigkeiten Wahrnehmungsprobleme, die mit Anzeigen zu lösen wären.

Im Anschluss folgt die Betrachtung der menschlichen Wahrnehmung, wobei insbesondere auf die visuelle Wahrnehmung eingegangen wird. Die Wahrnehmung im Fahrzeug wird durch verschiedenartige Anzeigen unterstützt, die unter Erörterung ihrer jeweiligen Vor- und Nachteile dargestellt werden. Es zeigt sich, dass viele Defizite bei der Fahraufgabe und deren Überwachung durch kontaktanaloge Anzeigen im Head-up Display (HUD) reduziert werden können.

Da diese Anzeigetechnologie in Serienfahrzeugen noch nicht verfügbar ist, beschreibt das nächste Kapitel die HUD-Technologie und zeigt auf, wie diese zu einem kontaktanalogen Head-up Display (kHUD) weiterentwickelt werden kann. Zum besseren Verständnis dieser Technologie werden die nötigen physikalischen Grundlagen beschrieben. Darauf aufbauend folgt aus der Literatur heraus eine Erörterung der Möglichkeiten für eine Weiterentwicklung in Richtung kHUD. Das Kapitel schließt mit einer Aufstellung von Anforderungen für eine gute kontaktanaloge Darstellung, die sich auch aus der menschlichen Wahrnehmung heraus ableiten.

Die aus der Literatur bekannten Lösungsansätze sind allesamt als Machbarkeitsstudien zu betrachten und erfüllen nicht die Anforderungen eines Serienfahrzeugs. Aus diesem Grund wird der Erfolg versprechendste Ansatz von Schneid [1] analysiert und hieraus Anforderungen für einen seriennahen Prototypen abgeleitet. In diesem Zusammenhang liegt der Fokus auf dem zu großen Bauraum des HUDs, da er die größte Herausforderung für eine Serienumsetzung darstellt. Hierzu werden die Einflussparameter des Bauraumes erläutert und untersucht. Das Kapitel schließt mit der Beschreibung eines optimierten Prototyps.

Ebenso wichtig wie die Entwicklung der kontaktanalogen Anzeigetechnologie ist die Gestaltung der eigentlichen Anzeige. Das Kapitel zu den Anzeigeinhalten präsentiert die aus der Literatur bekannten Anzeigen und erörtert diese gegliedert nach ihrer Art. Wurden sie im Realfahrzeug oder Simulator untersucht, folgt eine kurze Zusammenfassung der Studienergebnisse. Der zweite Teil des Kapitels geht auf die Gestaltung kontaktanaloger Anzeigen ein und zeigt an einigen entwickelten Anzeigen ein mögliches Vorgehen hierzu. Um den kontaktanalogen Charakter, ein Verschmelzen der Anzeigen mit der Umwelt, zu realisieren, werden zur Gestaltung die schon beschriebenen Wahrnehmungsgesetze angewandt. Die Ergebnisse aus der Bauraumuntersuchung finden durch Bezugnahme auf die Gestaltung von Anzeigen für kleinere Bildbereiche Berücksichtigung.

Abschließend wird in Versuchen geprüft, ob die kontaktanalogen Anzeigen Defizite der Fahraufgabe verringern können. Untersuchungsgegenstand ist einerseits eine Anzeige für den Abstandsregeltempomaten stellvertretend für die Fahrerassistenzsysteme. Hier werden neben der Verbesserung der Überwachungsaufgabe auch die Anzeigemenge und eine potenzielle Ablenkung untersucht. Zum anderen ist die Verbesserung der Wegfindung und Spurhaltung durch kontaktanaloge Anzeigen Gegenstand der Betrachtung.

2 Fahraufgabe und Fahrerassistenz

Um die Analyse der komplexen Fahraufgabe zu erleichtern, wird diese in ihre bekannten Unteraufgaben aufgegliedert. Die menschliche Informationsverarbeitung und Leistungsfähigkeit zeigt bereits an dieser Stelle schon erste Defizite in der Lösung der Aufgaben sowie bei der Überwachung der Fahraufgabe, welche am Beispiel der Fahrerassistenz nachgewiesen werden.

2.1 Systemergonomie der Fahraufgabe

Wird das Fahren eines Fahrzeugs systemergonomisch betrachtet, handelt es sich um einen Mensch-Maschine-Regelkreis. Die Eingangsgröße ist die Fahraufgabe, der Fahrer ist der Regler der Regelstrecke (Fahrzeug), die Ausgangsgröße ist die Bewegung des Fahrzeugs, viele Umwelteinflüsse können als Störgröße aufgefasst werden (Abbildung 2.1). Der Fahrer regelt das Fahrzeug mit den Informationen aus Eingangs- und Ausgangsgröße.

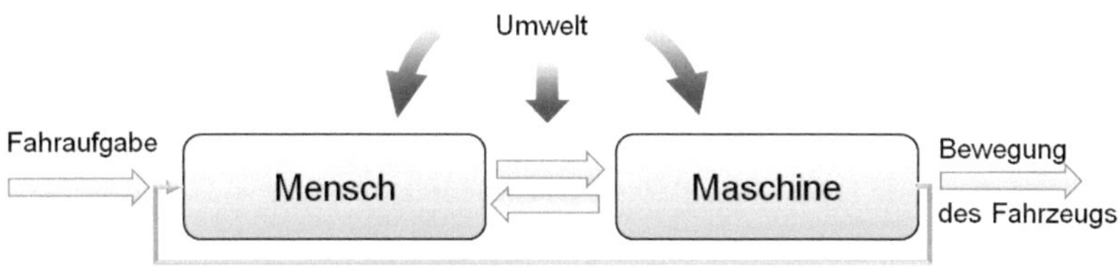

Abbildung 2.1: Mensch-Maschine-Regelkreis

Die Fahraufgabe kann nach Geiser [2] in primäre, sekundäre und tertiäre Aufgaben unterteilt werden. Erstere bestehen darin, das Fahrzeug mit den vorhandenen technischen Mitteln von A nach B zu bewegen. Sekundäre Fahraufgaben unterstützen die primäre Fahraufgabe, werden jedoch nur nach Bedarf ausgeführt. Hierzu zählen Bedienung von Blinker, Scheibenwischer und Licht, Kommunikation mit anderen Verkehrsteilnehmern und Überwachung der Technik des Fahrzeugs. Die tertiären Fahraufgaben sind mit dem eigentlichen Fahren kaum verbunden, hierzu zählen Klimatisierung, Telefonieren und Unterhaltung.

Nach Bernotat [3] besteht die primäre Fahraufgabe wiederum aus drei ineinander verschachtelten Ebenen (Abbildung 2.2). Die oberste Ebene bildet die Navigation, welche die eigentliche Fahraufgabe darstellt, also z. B. in einer bestimmten Zeit von A nach B zu gelangen. Hieraus ergeben sich Route und Durchschnittsgeschwindigkeit – die Aufgabenstellungen für die darunterliegende Ebene: die Führung. Sie beinhaltet die genaue Wegplanung und Geschwindigkeitswahl. Daraus wiederum resultieren die Aufgaben der untersten Ebene, der Stabilisierung. Diese sorgt dafür, dass das Fahrzeug auf dem gewünschten Kurs gehalten und die Geschwindigkeit angepasst wird. Die Aufgabenerfüllung wird ständig mit den Aufgaben der einzelnen Ebenen abgeglichen und gegebenenfalls nachgeregelt.

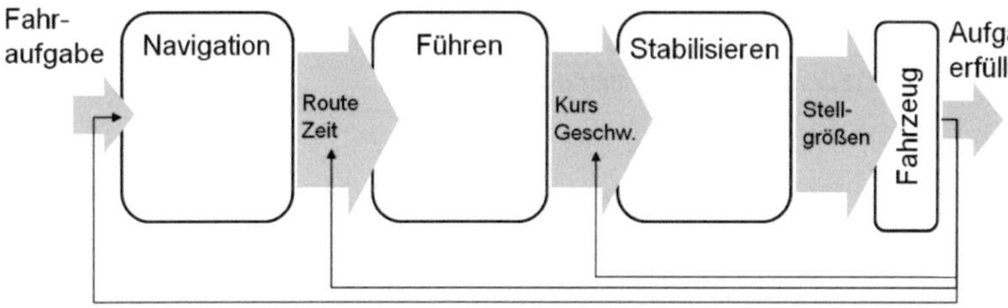

Abbildung 2.2: Teilaufgaben der primären Fahraufgabe nach Bernotat [3]

Diese Gliederung der Fahraufgabe verbinden Hale et al. [4] mit den von Rasmussen [5] aufgestellten Niveaus der menschlichen Informationsverarbeitung. Rasmussen gliedert die Informationsverarbeitung wie folgt:

- wissensbasierte Handlung, eine Entscheidung auf Basis des eigenen Wissens
- regelbasierte Handlung auf Basis zuvor erlernter Regeln
- verhaltensbasierte Handlungen, ausgeführt durch hoch geübte Tätigkeiten

Daraus ergibt sich eine Aufgabenmatrix (Tabelle 2.1), die um die Zeitbudgets erweitert ist.

Tabelle 2.1: Informationsverarbeitung in den einzelnen Fahraufgaben [4], [5]

Aufgabe	verhaltensbasiert	regelbasiert	wissensbasiert
Navigation (Minuten bis Stunden)	tägl. Arbeitsweg	Wahl zwischen vertrauten Wegen	Zurechtfinden in einer fremden Stadt
Führung (Sekunden)	Abbiegen an vertrauten Kreuzungen	Überholen anderer Fahrzeuge	Steuern auf einer glatten oder eisigen Fahrbahn
Stabilisierung (Hundertstelsekunden)	um eine Kurve fahren	ein unbekanntes Auto fahren	Fahrschüler in der ersten Stunde

Anhand der in der Aufgabenmatrix angeführten Beispiele erkennt jeder aufgrund der eigenen Fahrerfahrung schnell, dass wissens- und auch regelbasiertes Handeln zu den schwierigsten Fahraufgaben zählt. Hale et al. schlagen deshalb vor, wissensbasiertes Handeln durch die Auslegung der Mensch-Maschine-Schnittstelle des Fahrzeugs zu vermeiden oder stark zu vereinfachen. Auch die Reduzierung der Aufgabe auf einfache Regeln wird angedacht. [4]

Bubb und Bolte [6] stellen, ausgehend von dieser Aufgabenmatrix, die Probleme für den Menschen heraus und erarbeiten Lösungsvorschläge hierfür (Tabelle 2.2).

Tabelle 2.2: Grenzen menschlicher Leistungsfähigkeit und ergonomische Lösungsvorschläge [6]

Aufgabe	Probleme für den Menschen	ergonomische/technische Lösung
Navigation	Merkfähigkeit und Orientierungssinn	Navigationsrechner und Anzeige der Sollroute
Führung	Fähigkeit, die Lage und Entfernung anderer Objekte zu erkennen; Fähigkeit, die Bewegung anderer Objekte zu extrapolieren; Beachtung der Linearitätsgrenzen des Fahrzeugs; Behinderung der Sicht durch Nebel, Regen- oder Schneefall	Messung und situationsanaloge Anzeige von Lage und Entfernung anderer Objekte; Voranzeige der künftigen Bewegung anderer Objekte und des eigenen Fahrzeugs; Anzeige der Linearitätsgrenzen; künstliche Sicht mittels Infrarotkameratechnik u. Ä.
Stabilisierung	Dynamik des Fahrzeugs; Verkoppelung der Dimensionen	Anzeige der Geschwindigkeit; Autopilot: Tempomat, automatische Spurführung; aktives Bedienelement

Diese gezeigten Lösungsvorschläge sind hauptsächlich durch Anzeigen realisierbar, die in einem HUD umgesetzt werden sollen [6]. Die anhand der Vorschläge von Bubb und Assmann ausgearbeiteten Anzeigen werden in Kapitel 6.1.1 näher beschrieben.

Innerhalb der systemergonomischen Betrachtung werden Aufgaben nach Bedienung, Dimensionalität, Führungsart, Darstellungsart und Aufgabenart differenziert. Mit Bedienung ist die zeitliche Ordnung der Aufgabe bezeichnet, ob sie also simultan oder sequenziell durchgeführt werden muss. Die räumliche Ordnung beschreibt die Dimensionalität der Aufgabe wie beispielsweise das Führen eines PKW, was als zweidimensional zu betrachten ist (vor-zurück, links-rechts).

Die Führungsart gibt die räumliche und zeitliche Einschränkung der Aufgabe an und wird in dynamisch als auch statisch untergliedert. Die Aufgabe, einer Straße zu folgen, gilt als dynamisch, da sich der Straßenverlauf immer wieder ändert, wohingegen ein Einparkvorgang eine statische Aufgabe darstellt, da eine Parklücke gleich bleibt.

Die Darstellungsart einer Aufgabe bezieht sich auf ihre Rückmeldung, wobei hier nach Folgeaufgabe und Kompensationsaufgabe unterschieden wird. Erstere zeigt die

Aufgabe und deren Ergebnis an, die Kompensationsaufgabe verrechnet diese Werte und bildet nur ihre Differenz ab.

Die Aufgabenart wiederum kann entweder aktiv oder monitiv sein. Das Einhalten einer bestimmten Geschwindigkeit beispielsweise entspricht einer aktiven Aufgabe, das Fahren mit Tempomat hingegen einer monitiven.

2.2 Fahrerassistenz und Ironie Automatisierung

Die Vorteile der einzelnen Fahrerassistenzsysteme wurden in zahlreichen Versuchen nachgewiesen, weshalb sie hier nicht näher behandelt werden. Die Nachteile der meisten Systeme allerdings wurden bislang noch nicht hinreichend gelöst. Im Verlauf dieser Arbeit soll verdeutlicht und gezeigt werden, wie kontaktanaloge Anzeigen diese Mängel lösen könnten. Die Schwachstellen der Systeme sind bedingt durch ihre Automatisierung, was Bainbridge [7] als „Ironie der Automatisierung" bezeichnete. Diese Ironie der Automatisierung – von Kompaß [8] speziell auf Fahrerassistenzsysteme angewandt – soll hier als Beispiel dienen. Die Problemstellung lässt sich in drei Aussagen gliedern:

Da selbst ein hochautomatisiertes System noch Fehler macht, kommt es nicht ohne den Menschen als Beobachter aus. Da diese Fehler aber nur sehr selten auftreten, neigt der Fahrer dazu, dem System blind zu vertrauen. Auch seine Daueraufmerksamkeit sinkt bei dieser monitiven Aufgabe. Eine mögliche Lösung dieses Problems durch eine Anzeige bestünde darin, den Fahrer zu stimulieren. Ein interessantes Anzeigekonzept für die Überwachungsaufgabe beispielsweise könnte seine Aufmerksamkeit länger aufrechterhalten. Diese Art der Anzeige entspricht einem Teilaspekt des „Joy of Use"-Begriffs und verhilft dem Fahrer, ähnlich wie in einem Computerspiel, zu hoher Daueraufmerksamkeit und Spaß an der Bedienung des Systems.

Ein weiteres Problem besteht darin, dass die Automatisierung Tätigkeiten übernimmt, die der Mensch nur schlecht kann, er aber dennoch deren Automatisierung überwachen muss. Ein Beispiel hierfür repräsentiert der Abstandsregeltempomat. Hier misst die Automatisierung Abstände, Geschwindigkeiten, Beschleunigungen etc. sehr genau und verrechnet diese in Sekundenschnelle, um das Fahrzeug zu regeln. Der Fahrer hingegen kann dies ohne Hilfsmittel wie etwa einem Tacho meist nur sehr ungenau. Somit muss der Fahrer das sehr genaue FAS mit dem ihm zur Verfügung stehenden ungenauen Informationen überwachen. Eine Anzeige kann hier Abhilfe schaffen, indem sie dem Fahrer genauere bzw. vorverarbeitete Informationen für die aktuelle Situation zur Verfügung stellt (Abbildung 2.3). Das kontaktanaloge HUD kann diese direkt in der Realität anzeigen, ohne dass der Fahrer einen Blick auf das Kombi werfen müsste. Darüber hinaus können hier Informationen intuitiv und eindeutig dargestellt werden wie etwa das erkannte ACC-Vorderfahrzeug, was anderen Anzeigen nicht ohne Weiteres möglich wäre.

Ein weiteres Problem liegt darin, dass der Mensch immer nur eingreifen muss, wenn die Automatisierung an ihre Grenzen stößt. Es liegt also bereits beim Eingreifen eine schwierige Situation vor, die der Fahrer zu erkennen, zu interpretieren und zu lösen hat. Da die Systemgrenzen des Assistenzsystems für den Fahrer nicht immer deutlich sind oder er seiner Überwachungsaufgabe nicht ausreichend nachkommt, kann diese Übernahme zusätzlich noch unvorhergesehen geschehen. Dieser Fall erfordert eine schnelle Einschätzung der Situation und Entscheidung seitens des Fahrers. Um dem Fahrer diesen Übernahmeprozess zu erleichtern, soll die Anzeige des Systemzustandes und der Systemgrenzen das Systembewusstsein verbessern. Hierdurch kann der Fahrer die drohende Überschreitung der Systemgrenze besser erkennen und die Übernahme erfolgt nicht unvorhergesehen.

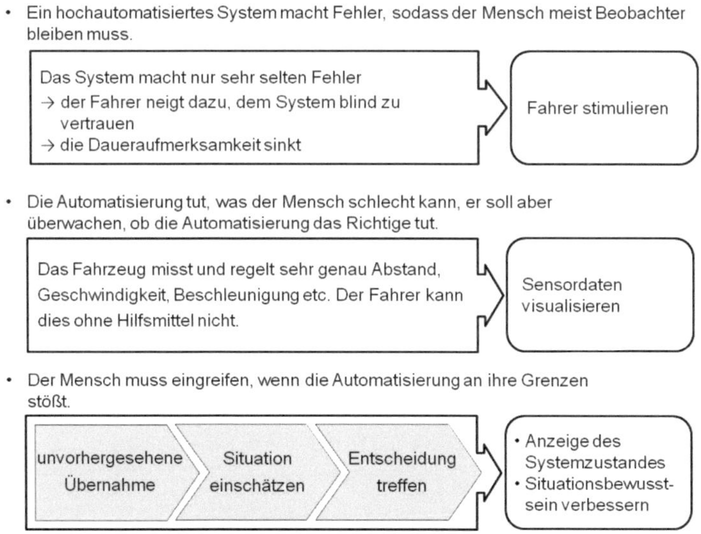

Abbildung 2.3: Ironie der Automatisierung durch Fahrerassistenzsysteme (nach [8]) und Verbesserungspotenziale durch Anzeigen [9]

Weiterhin können, wie oben bereits beschrieben, Sensordaten und damit dem Fahrer die Bedingungen für die Automatisierung visualisiert werden. Dies wird künftig an

Wichtigkeit gewinnen, wenn für automatisiertes Fahren in bestimmten Situationen viele Bedingungen zu erfüllen sind. Bei automatischem Fahren im Stau müssen beispielsweise die Spurmarkierungen erkannt sowie ein Vorderfahrzeug vorhanden sein, ein bestimmter Geschwindigkeitsbereich vorliegen und auf einer Autobahn gefahren werden. Da dem Fahrer diese vielen Bedingungen sicher nicht immer voll bewusst sind und er diese auch nicht im Handbuch des Fahrzeugs nachschlagen will, sollten sie in irgendeiner Form angezeigt werden. Für eine Vielzahl dieser Bedingungen bietet sich die Darstellung im kHUD an.

3 Wahrnehmung und visuelle Anzeigen

Der Mensch kann seine Umgebung optisch, akustisch, kinästhetisch, haptisch, thermisch und geschmacklich wahrnehmen. Zur Gestaltung einer Mensch-Maschine-Schnittstelle können diese Wahrnehmungskanäle prinzipiell genutzt werden.
Da Anzeigen in einem HUD ausschließlich optisch wahrgenommen werden, geht diese Arbeit nur auf den optischen Kanal ein und stellt die weitere Verarbeitung dar.

3.1 Visuelle Wahrnehmung

Die Wahrnehmungsmöglichkeiten des Menschen weisen auf das Potenzial hin, den Menschen über Anzeigen zu informieren und zu beeinflussen. Anderseits zeigen die Grenzen menschlicher Wahrnehmung, über welche Aspekte der Mensch in seiner Umwelt informiert werden muss. Somit bildet das Verständnis der Wahrnehmung das Fundament zur Gestaltung jeglicher Anzeigen.

3.1.1 Wahrnehmungsprozess

Die Wahrnehmung ist kein einzelnes Geschehnis, sondern ein Prozess komplexer Vorgänge. Die Darstellung des Wahrnehmungsprozesses beruht auf den ausführlichen Beschreibungen Goldsteins [10]. Die Wahrnehmung läuft als ein sich wiederholender Kreisprozess ab, wobei jedoch der verfügbare Stimulus als Einstiegspunkt betrachtet werden kann. Wir nehmen die Welt um uns herum nicht als Ganzes wahr, sondern immer nur kleine Ausschnitte. Abbildung 3.1 verdeutlicht dies am Beispiel des Schrittes von verfügbarem Stimulus zu beachtetem Stimulus. Der beachtete Stimulus, am Beispiel des Sehens, ist eine Lichtreflexion, die durch das Auge auf die Netzhaut fällt. Dieses Licht wird im Prozess der sogenannten Transduktion durch die Rezeptoren in der Netzhaut in elektrische Impulse umgewandelt. Diese elektrischen Impulse werden durch die Art ihrer neuronalen Verschaltung bereits verarbeitet. So werden z. B. schon im Auge Hell-Dunkel-Übergänge verstärkt. Die darauffolgende Wahrnehmung ist die bewusste sensorische Erfahrung des Stimulus, das heißt, er wurde bereits als ein Objekt interpretiert. Das Wissen des Wahrnehmenden beeinflusst diese beiden Prozesse.

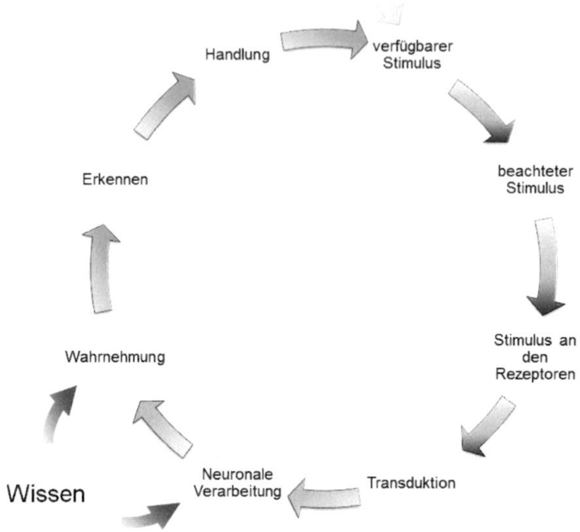

Abbildung 3.1: Der Wahrnehmungsprozess nach Goldstein [10]. Die blauen Pfeile entsprechen Stimuli, die grünen Verarbeitungsprozessen und die orangefarbenen bilden perzeptuelle Antworten ab.

Das wahrgenommene Objekt wird im Schritt des Erkennens kategorisiert. Auf das Erkennen folgt eine Handlung, z. B. ein genaueres Betrachten des erkannten Objektes, eine Flucht oder eine Augenbewegung, um andere Stimuli zu betrachten.

Für die Gestaltung von Anzeigen ist dieser Prozess sehr wichtig, da eine Anzeige ein beachteter Stimulus sein soll und zu einer bestimmten Handlung führen will. Demzufolge kann eine Anzeige derart ausgestaltet sein, dass sie den Wahrnehmungsprozess so beeinflusst und es schließlich zur gewünschten Handlung kommt.

3.1.2 Das Auge

Das menschliche Auge verarbeitet elektromagnetische Strahlung im Wellenlängenbereich von 380 nm bis 780 nm. Dies entspricht dem Farbspektrum des sichtbaren Lichts. Der Aufbau des Auges kann vereinfacht mit dem einer Kamera verglichen werden (Abbildung 3.2): Das durch die Blende, die Iris, einfallende Licht wird von der Linse gebrochen und trifft auf die Bildebene, die Netzhaut. Die Iris regelt durch ihre Größe die Menge des einfallenden Lichtes. Der Ziliarmuskel wölbt die Linse und kann so durch die Änderung der Brennweite Objekte in unterschiedlichen Entfernungen scharf auf die Netzhaut abbilden.

Farbwahrnehmung

Die Netzhaut besteht aus Fotorezeptoren, die das Licht in Nervenimpulse umwandeln. Diese Fotorezeptoren teilen sich in Stäbchen und Zapfen auf (Abbildung 3.2), wobei die Stäbchen Helligkeitskontraste auflösen und die Zapfen jeweils eine Farbe (Rot, Grün oder Blau) erkennen können. Die Fotorezeptoren sind auf der Netzhaut nicht gleichmäßig verteilt, stattdessen befinden sich in der Mitte der Netzhaut sehr viele Zapfen, deren Dichte zum Rand hin stark abfällt. Daraus folgt, dass wir Farben am besten im fovealen Sehbereich wahrnehmen können. Die Stäbchen hingegen sind vermehrt im äußeren Bereich der Netzhaut platziert und nehmen zur Mitte hin stark ab. Da sie für die Wahrnehmung von Helligkeitskontrasten sorgen, können wir mit ihnen sehr gut Bewegungen im peripheren Blickfeld wahrnehmen.

In einem Bereich des Auges, dem blinden Fleck, befinden sich keine Fotorezeptoren, weshalb wir an diesem Punkt nichts sehen können. Hier laufen die Nervenbahnen der einzelnen Sehzellen zusammen zum Sehnerv. Von diesen Eigenschaften des Auges merken wir im „täglichen Gebrauch“ nichts, da sich das Bild der Umgebung erst im Gehirn aus den Nervenimpulsen zusammensetzt. Auch den Effekt, dass die Linse im Auge das Bild der Umgebung verkehrt herum auf der Netzhaut darstellt, bemerken wir nicht, für andere Effekte wie z. B. den blinden Fleck existieren Tests, um diesen zu sehen. Das Bild unserer Umgebung setzt sich demzufolge erst im Gehirn zusammen, so wissen wir auch, wie es in etwa hinter uns aussieht, ohne aktuell dort hinsehen zu können.

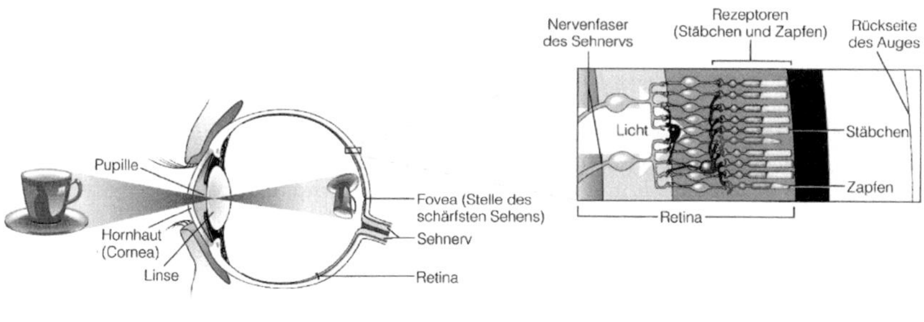

Abbildung 3.2: Aufbau des menschlichen Auges [10]

Anhangsorgane und Blickbewegung

Am Auge befinden sich noch die Anhangsorgane, die nicht in unmittelbarem Zusammenhang zum Sehen stehen, aber die Funktion des Auges sicherstellen. So schützt das Lid das Auge vor Fremdkörpern und befeuchtet die Hornhaut bei jedem Lidschlag mit Tränenflüssigkeit. Diese entsteht in der Tränendrüse und wird auch zum Ausspülen von Fremdkörpern genutzt. Für schnelle Bewegungen des Auges sorgt ein Muskelapparat, der aus zwei geraden und vier schrägen Muskeln besteht. Dieser sorgt aber nicht alleine für die visuelle Informationsaufnahme, die sich in drei Schritte gliedert: Blickbewegung, Sakkade und Fixation. Die Blickbewegung richtet die Augen durch Kopfbewegung auf das zu betrachtende Objekt aus, gefolgt von der Sakkade, der Augbewegung, die den Sehstrahl auf das Objekt richtet, gefolgt von der Fixation. Diese beschreibt eine Ruhelage des Auges, die ca. 200 bis 600 Millisekunden dauert und zur Aufnahme der Bildinformation dient.

Akkommodation und Adaption

Neben der Blickbewegung verfügt das Auge über zwei Anpassungsmöglichkeiten an die Umwelt. Im Vorgang der Akkommodation passt sich die Linse unterschiedlichen Sehentfernungen an, stellt also scharf. Die Adaption bezeichnet die Anpassung der Iris an die Umgebungshelligkeit. Die Sehentfernung des Auges ist im Ruhezustand auf unendlich eingestellt bei gleichzeitig entspanntem Ziliarmuskel. Wird dieser hingegen angespannt, verformt er die Linse konvex, wodurch sich deren Brechkraft erhöht und nähere Objekte scharf gestellt werden. Diese Fähigkeit des Ziliarmuskels lässt mit dem Alter nach, wie Abbildung 3.3 zeigt.

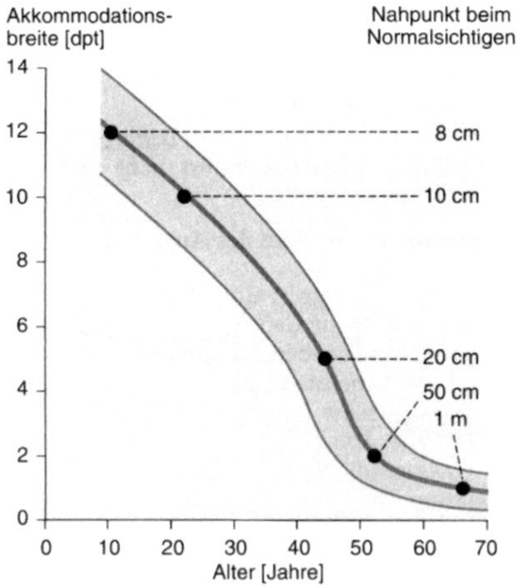

Abbildung 3.3: Abnahme der Akkommodationsbreite mit dem Alter [11]

Die Adaption des Auges an unterschiedliche Helligkeiten geschieht zum einen durch die Verstärkung der Nervenimpulse, zum anderen durch die Iris. Diese wirkt wie eine

Lochblende und regelt die Größe der Pupille von ca. 2 bis 8 mm was einer Leuchtdichteänderung von 1:16 auf der Netzhaut entspricht [12]. Wir können durch die Adaption in einer mondlosen Nacht bei unter 1 Lux sowie bei Sonnenschein auf einem Gletscher mit über 100.000 Lux Objekte erkennen.

3.1.3 Raumwahrnehmung

Die Wahrnehmung des Raumes entsteht durch die okulomotorischen oder visuellen Tiefenkriterien für einzelne Objekte. Beide Kriterien können wiederum in Monokulare und Binokulare unterteilt werden (Abbildung 3.4). Als okulomotorisch gelten jene Kriterien, die durch Muskelbewegungen des Auges wahrgenommen werden, also durch die Akkommodation und Konvergenz beider Augen.

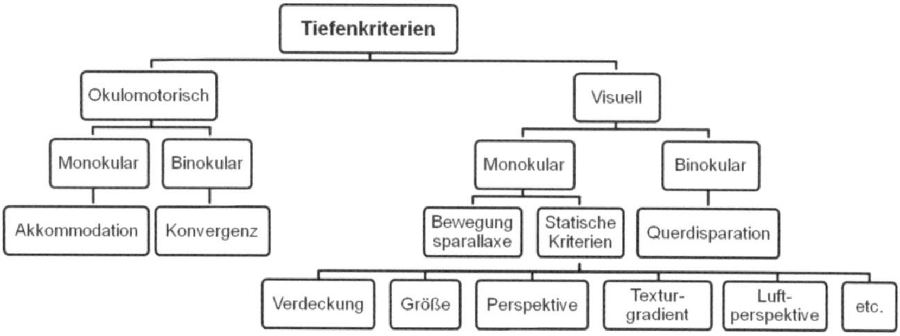

Abbildung 3.4: Gliederung der Tiefenkriterien

Die visuellen Tiefenkriterien basieren allein auf den Bildern der Augen oder der Bildfolge im Gehirn. Die Einteilung dieser in monokulare und binokulare Kriterien erfolgt danach, ob diese mit nur einem Auge oder mit beiden Augen wahrgenommen werden können. Das visuelle, binokulare Kriterium stellt die Querdisparation dar. Hier entstehen durch den Augabstand zwei unterschiedliche Bilder der Umgebung in den Augen. Aus diesen Bildern kann die Entfernung von Objekten anhand der unterschiedlichen Position der Objekte in den Bildern erkannt werden. Die visuellen, monokularen Tiefenkriterien repräsentieren die Bewegungsparallaxe und die statischen Kriterien. Erstere entsteht, wenn sich der Betrachter parallel zu Objekten bewegt und sich die Objekte unterschiedlich schnell im gesehenen Bild bewegen. Bei einem Blick aus dem Seitenfenster eines Fahrzeugs etwa bewegen sich nahe Objekte schnell im Bild, weit entfernte dagegen langsam. Zu den statischen Kriterien zählen Perspektive, Verdeckung, bekannte Größe und andere. Sie finden auch in der

Malerei oder in 3-D-Computergrafiken Verwendung, um auf einer Ebene ein dreidimensionales Bild zu erzeugen.

Die Tiefenkriterien sind sehr starke Effekte und führen bei Verstößen zu optischen Täuschungen wie Abbildung 3.5 beispielhaft präsentiert. Der obere Balken erscheint durch die Perspektive größer als der darunterliegende, obwohl beide gleich groß sind. Dies stellt einen Konflikt zwischen der bekannten Größe und der Perspektive dar.

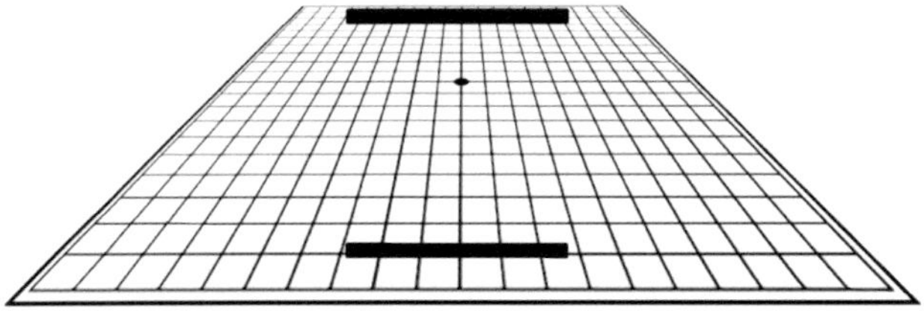

Abbildung 3.5: Optische Täuschung: Obwohl beide Balken gleich breit sind, erscheint der obere durch das perspektivische Gitter breiter.

3.1.4 Interpretation optisch-visueller Reize

Das auf die Netzhaut fallende Licht wird in elektrische Signale umgewandelt und über das Nervensystem zum Gehirn geleitet. Um aus diesen elektrischen Signalen etwas wahrzunehmen, müssen sie vom Gehirn interpretiert werden. Die elektrischen Signale, die im Gehirn ankommen, sind jedoch durch Verknüpfung der Nervenzellen untereinander bereits „vorverarbeitet“, so werden z. B. Kanten detektiert (vgl. Mach'sche Bänder, [12], [10]).

Für das Erfassen mehrerer Objekte wurden bevorzugte Interpretationen ermittelt, die in Gestaltprinzipien zusammengefasst werden [10]:

- Prinzip der Nähe: Benachbarte Objekte gelten als zusammengehörig.
- Prinzip der Ähnlichkeit: Ähnlich aussehende Objekte werden gruppiert.
- Prinzip der Prägnanz: Jedes Reizmuster wird so gesehen, dass die entstehende Struktur möglichst einfach ist.
- Prinzip des guten Verlaufs: Eine Linie wird als ein Objekt gesehen, wenn die Linienführung aus geraden oder geschwungenen Linien besteht.
- Prinzip des gemeinsamen Schicksals: Dinge werden als Gruppe gesehen, wenn sie sich in die gleiche Richtung bewegen.

- Prinzip der Vertrautheit: Objekte werden als Gruppe gesehen, wenn diese Gruppe eine Bedeutung hat oder vertraut erscheint.
- Prinzip der Region: Objekte, die in einer Region liegen, werden als Gruppe gesehen.
- Prinzip der Verbundenheit: Objekte, die durch Geometrie oder Farben verbunden sind, werden als Gruppe gesehen.
- Prinzip der Synchronizität: Objekte, die sich synchron ändern wie beispielsweise aufblinkende Lampen, werden als Gruppe gesehen.

Des Weiteren bestehen nach Biedermann [13] gewisse Regeln, die die Sicherheit der Interpretation visueller Reize erhöhen:

- Verdeckungsregel: Gegenstände verdecken im Allgemeinen ihren Hintergrund.
- Unterlagenregel: Gegenstände liegen im Allgemeinen auf ihrer Unterlage auf.
- Wahrscheinlichkeitsregel: Bestimmte Gegenstände treten im Allgemeinen nur in gewissen Kontexten auf.
- Ortsregel: Gegenstände sind in einem bestimmten Kontext nur an bestimmten Orten zu erwarten.
- Gewöhnte Größe: Bekannte Gegenstände werden im Allgemeinen nur in einer bestimmten Größe vorgefunden (unter Berücksichtigung der Perspektive).

Für die Gestaltung von Anzeigekonzepten sind diese Interpretationen optischer Reize außerordentlich wichtig, denn Anzeigen sollen intuitiv und eindeutig sein. So verstoßen beispielsweise optische Täuschungen und Springbilder bewusst gegen diese Regeln, um den Betrachter in die Irre zu führen.

Gerade für kontaktanaloge Anzeigen ist das Einhalten der Prinzipien und Interpretationsregeln sehr wichtig, da diese Anzeigen die Realität mit weiteren Informationen erweitern sollen. Die Gestaltungsprinzipien können z. B. genutzt werden, um eine Anzeige besser mit der Realität zu verbinden, indem bei Objektmarkierungen die Prinzipien der Nähe, der Verbundenheit und des gemeinsamen Schicksals eingehalten werden.

3.2 Anzeigen

Als Anzeige oder auch Display wird nach Murrell [14] jede technische Einrichtung bezeichnet, die dem Menschen Informationen über das, was vorgeht, zur Verfügung stellt. Diese Anzeigen können dem Menschen über alle Sinneskanäle Informationen darbieten. In diesem Kapitel wird in Hinblick auf HUDs nur auf optische Anzeigen

Bezug genommen. Optische Anzeigen lassen sich gemäß Rühmann [12] nach Informationsinhalt, Darstellungsort und Darstellungsform klassifizieren.

3.2.1 Informationsinhalt

Der Informationsinhalt macht die Anzeige zu einer Sollwert- und Istwert-Anzeige, Differenzanzeige, synthetischen Anzeige, Voranzeige und imperativen Anzeige. Die Sollwert- und Istwert-Anzeige gibt analog zur Führungsaufgabe (vgl. Kapitel 2.1) die Aufgabe und das Ergebnis an. Die Differenzanzeige hingegen verrechnet diese Werte und bildet die Abweichung von der Aufgabe ab. Synthetischen Anzeigen gehen Berechnungen aus mehreren gemessenen Werten voraus. Sie zeigen einen Wert an, den der Mensch sonst aus anderen Anzeigen berechnen müsste wie beispielsweise die Anzeige des zu erwartenden Ankunftszeitpunktes in Navigationssystemen, die sonst aus Uhrzeit, zu fahrender Strecke und Durchschnittsgeschwindigkeit vom Fahrer zu errechnen wären. Eine Voranzeige stellt die Aufgabe oder das Ergebnis als künftigen Wert oder Verlauf in Form einer bekannten oder der wahrscheinlichsten Größe dar. So wird dem Menschen die mentale Extrapolation erspart. Die imperative Anzeige gibt dem Menschen nur Richtung und Größe des einzustellenden Wertes an, während die Anzeige hier bereits das Regelverhalten berechnet und dem Menschen imperativ die Umsetzung am Stellteil vorgibt.

3.2.2 Darstellungsort

Anzeigen werden nach Darstellungsort in Head-down Displays und HUDs untergegliedert. Im Falle eines Head-down Displays muss der Operateur seinen Blick von der Realsituation auf eine Anzeigetafel abwenden. Der Nachteil dieser Anzeige liegt neben dem Nichtsehen der Realsituation in der Akkommodation und Adaption des Auges an die Anzeigetafel. Ein HUD hingegen spiegelt die Anzeige in die Sicht des Operateurs ein und passt die Helligkeit der Anzeige an die Umgebung an (vgl. Kapitel 4.1.2). So kann die Anzeige während der Sicht auf die Realsituation ohne Adaption und mit nur geringer Akkommodation abgelesen werden. Ein Nachteil des HUDs besteht darin, dass es nur aus einem kleinen Bereich, der Eyebox, gesehen werden kann. Als ebenfalls nachteilig erweisen sich die aufwendigere technische Realisierung und der für das Anzeigegerät benötigte Platz.

3.2.3 Darstellungsform

Die Darstellungsform der Anzeige beschreibt ihren Abstraktionsgrad und den Codierungsaufwand, der nötig ist, um die Anzeige auf die Realität zu übertragen. Hier wird nach Digitalanzeige, Analoganzeige, bildhafter situationsanaloger Anzeige und absolut situationsanaloger Anzeige unterschieden.

Digitalanzeigen

Digitalanzeigen weisen keine Ähnlichkeit mit der realen Situation auf, ihre Informationen sind vollständig codiert (Abbildung 3.6). Die Codierung erfolgt als ein/aus, Farbcodierung, Ziffern etc. Der Mensch decodiert die Informationen durch erlernte innere Modelle. Diese eignen sich für Aufgabenstellungen, die das genaue Einstellen einer bereits codierten Größe wie beispielsweise einer bestimmten Geschwindigkeit verlangen. Da digitale Anzeigen beim Wechseln der Anzeige springen und so das Ablesen erschweren, sollten sie nur für statische oder quasistatische Größen eingesetzt werden.

Analoganzeigen

Analoganzeigen haben eine abstrakte bildhafte Form, die die aktuelle Größe in einem Wertebereich anzeigt. Sie sollten dem Typ „feste Scala – bewegter Zeiger“ (Abbildung 3.6) entsprechen. Das Auge registriert sowohl die Bewegung des Zeigers als auch dessen Geschwindigkeit besonders gut, wodurch sich analoge Anzeigen vor allem für die Darstellung dynamischer Prozesse eignen. Bei Analoganzeigen entsteht der Decodieraufwand beim Übertragen des Zeigers auf den Skalenwert und bei dessen Interpretation. Das macht sich besonders beim genauen Ablesen der Anzeige bemerkbar, qualitativ kann hingegen recht schnell abgelesen werden. Im Fahrzeug sind die meisten Anzeigen des Kombiinstrumentes Analoganzeigen, da es sich zum Beispiel bei der Messung der Drehzahl um eine dynamische Größe handelt, die nicht besonders genau abgelesen werden muss. Viele Analoganzeigen sind im Fahrzeug jedoch historisch gewachsen, da es sich bei den analogen Anzeigen um einfach zu realisierende elektromechanische Anzeigen handelt.

Abbildung 3.6: Darstellungsformen visueller Anzeigen und die benötigte geistige Leistung, diese auf die Realität zu übertragen, am Beispiel von Navigationsanzeigen

Absolut situationsanaloge Anzeigen

Anzeigen, die ein reales Bild der Umwelt liefern, werden als absolut situationsanaloge Anzeigen klassifiziert. Sie stellen die Umwelt an einem anderen Ort dar, der nicht direkt eingesehen werden kann. Im Fahrzeug sind dies beispielsweise sämtliche Spiegel, die Bilder der Rückfahrkamera und der Night-Vision-Kamera. Der Vorteil dieser Anzeigen besteht darin, dass der Mensch seine inneren erlernten Modelle direkt auf die Anzeige anwenden kann, wodurch Interpretationsschwierigkeiten entfallen und der Lernaufwand minimal ist. Ebenso ist der Abstraktionsgrad der Anzeige sehr gering und der Decodieraufwand des Menschen beschränkt sich gegebenenfalls auf die Interpretation eines Schwarz-Weiß- oder infraroten Bildes, den begrenzten Bildausschnitt oder eine andere Perspektive. Diese Anzeigen können jedoch nur Informationen darstellen, die im Bild codiert werden können wie z. B. eine falschfarbene Darstellung eines Wärmebildes. Dagegen ist es nicht möglich, synthetische Informationen wie z. B. Abstände direkt anzuzeigen. Dennoch besteht die Option, diese Anzeigen durch weitere bildhafte situationsanaloge Anzeigen zu erweitern. So kann in das Bild der Rückfahrkamera beispielsweise die Länge des Fahrzeugs eingeblendet werden, um den Einparkvorgang zu erleichtern.

Abbildung 3.7: Bild einer Rückfahrkamera mit Fahrzeuglänge (blau) und eingeschlagener Trajektorie (rot)

Diese Anzeigen sind dann durch synthetische Informationen erweitert, weshalb sie auch als augmentierte Anzeigen oder Augmented Reality (erweiterte Realität) bezeichnet werden.

Bildhafte situationsanaloge Anzeigen

Bildhafte situationsanaloge Anzeigen stilisieren die Umwelt zu einer Abbildung und stellen Zustände qualitativ dar (Abbildung 3.6). Sie unterscheiden sich durch den Grad der Abstraktion der Umwelt, von dem auch ihre Interpretierbarkeit abhängt. Die Darstellung des Tankinhaltes als gefüllter Behälter oder die Navigationsanzeigen als Kartendarstellung sind Beispiele hierfür im Fahrzeug. Die Interpretierbarkeit und der Decodieraufwand der Anzeige sind also direkt von der Abstraktion der Umwelt abhängig. Je weniger abstrakt die Anzeige, desto besser ist der Eindruck der realen Umgebung für den Betrachter.

Kontaktanaloge Anzeigen

Wird die bildhafte situationsanaloge Anzeige der realen Umgebung überlagert, entsteht eine kontaktanaloge Anzeige. Für den Benutzer verschmelzen hierdurch Anzeige und Realität. Die Anzeige wird räumlich als Teil der Realität wahrgenommen und interagiert mit dieser in Echtzeit.

Kontaktanalogie und Augmented Reality

Neben den oben aufgeführten Unterteilungen von Anzeigen aus ergonomischer Sicht nach Schmidtke [12] kommt im Zusammenhang mit Kontaktanalogie auch immer wieder der Begriff der Augmented Reality auf.

Dieser Begriff stammt aus der Informatik und beschreibt die direkte Überlagerung der Realität mit synthetischen Anzeigen in Echtzeit. Diese Anzeigen werden mithilfe des „Realitäts-Virtualitäts-Kontinuums“ [15] kategorisiert, das den Anteil synthetischer Anzeigen zur Realität beschreibt.

Des Weiteren werden die optischen Augmented-Reality-Anzeigen nach der technischen Darstellung der Anzeige in optical see-through und video see-through differenziert. Abbildung 3.8 zeigt dies am Beispiel von Head-mounted Displays. Je nach Platzierung des Displays werden noch Retina Display, Head-mounted, Hand-Held und Monitor voneinander unterschieden.

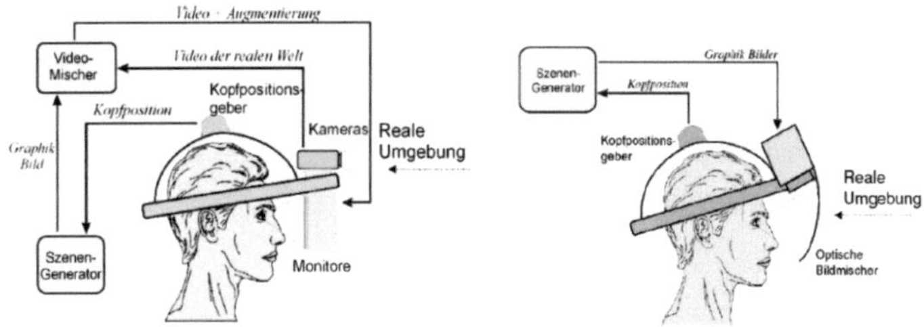

Abbildung 3.8: Head-mounted Display mit video see-through- (links) und optical see-through-Technik (rechts)

Zur Augmented Reality zählt bereits ein konventionelles HUD, das hier unter die Kategorie Augmented Reality, optical see-through und Monitor fällt. Das kHUD hingegen stellt eine Erweiterung der Augmented Reality dar, da sie zusätzlich noch die Wahrnehmung am richtigen Ort in der Realität fordert. Es ist somit im Realitäts-Virtualitäts-Kontinuum weiter in Richtung Realität als Augmented-Reality-Anzeigen zu verorten (Abbildung 3.9).

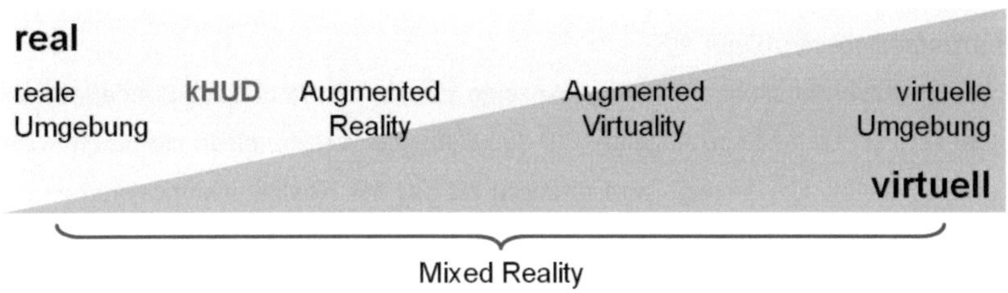

Abbildung 3.9: Realitäts-Virtualitäts-Kontinuum nach Milgram [15] mit Einordnung des kontaktanalogen Head-up Displays (kHUD)

4 Kontaktanaloge Head-up Displays

Die Umsetzung der im vorigen Kapitel erläuterten kontaktanalogen Anzeigen, die dem Menschen eindeutig, intuitiv und direkt in der Realität Informationen bereitstellen können, ist durch verschiedenste technische Geräte möglich. Für den Einsatz im öffentlichen Straßenverkehr eignen sich ausschließlich HUDs, während andere Lösungen eher trainierten Anwendern aus dem Militär- und Luftfahrtbereich vorbehalten sind. Das vorliegende Kapitel behandelt einfache optische Elemente, die für das Verständnis der HUD-Technologie nötig sind, bis hin zu Aufbauten, die kontaktanaloge Anzeigen ermöglichen.

4.1 Optische Elemente eines Head-up Displays

Zunächst werden die physikalischen Grundlagen der wichtigsten optischen Elemente sowie der allgemeine Aufbau von HUDs mit Reflexions-/Refraktionsoptik beschrieben.

Um das Grundprinzip eines HUDs zu erläutern, werden hier nur Lupe, Spiegel und Hohlspiegel abgehandelt. Zum besseren Verständnis des umgesetzten kHUDs werden zusätzlich noch die Scheimpflug-Bedingung sowie der Effekt der Bildfeldwölbung dargelegt. Für weitere optische Elemente und Effekte sei auf Fachliteratur wie z. B. [16] verwiesen. Weiterhin können im HUD holografisch-optische-Elemente zum Einsatz kommen, die bisher nur in der Luftfahrt Verwendung fanden und hier nicht näher ausgeführt werden.

Lupe

Eine Lupe ist eine Konvexlinse, bei der die Gegenstandsweite kleiner als die Brennweite ist. Sie erzeugt ein aufrechtes virtuelles Bild des Gegenstandes (Abbildung 4.1). Im HUD wird sie genutzt, um ein vergrößertes virtuelles Bild eines Displays zu generieren, das in einem größeren Abstand als das Display selbst wahrgenommen wird.

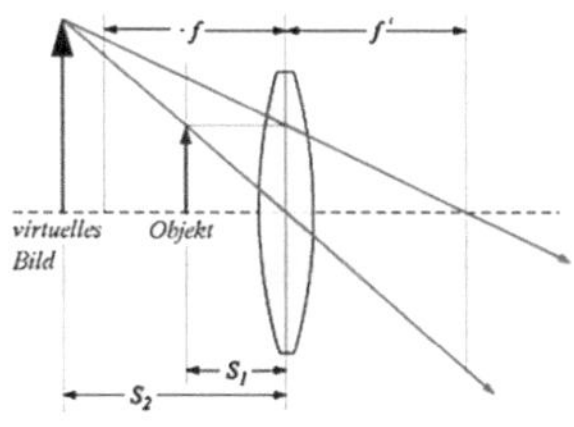

Abbildung 4.1: Prinzip einer Lupe [17]

Der Abstand des virtuellen Bildes, die Bildweite, ist abhängig vom Verhältnis der Gegenstandsweite zur Brennweite und wird durch das Abbildungsgesetz beschrieben:

$$\frac{1}{f} = \frac{1}{s_1} - \frac{1}{s_2}$$

Hohlspiegel

Ein Hohlspiegel ist ein konkaver Spiegel, der das Spiegelbild vergrößert darstellt (Abbildung 4.2) und häufig für Teleskope und andere optische Geräte verwendet wird, da er keinerlei chromatische Aberration aufweist. Hohlspiegel sind häufig kugelförmig oder paraboloid, sie können aber auch als Freiformfläche ausgestaltet sein. Für den Hohlspiegel gilt ebenfalls das Abbildungsgesetz: Befindet sich der Gegenstand innerhalb der Brennweite, entsteht ein virtuelles aufrechtes Bild.

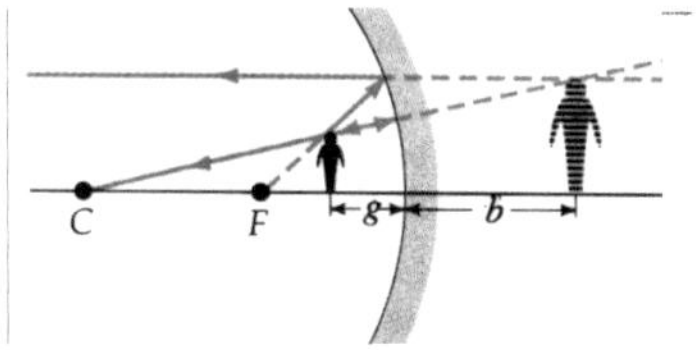

Abbildung 4.2: Hohlspiegel mit aufrechtem virtuellen Bild [17]

Spiegelung

Ein Spiegel besteht aus einer reflektierenden Oberfläche, die so glatt ist, dass durch die Reflexion ein Bild entsteht (
Abbildung 4.3). Die Spiegelfläche muss hierfür eine Rauheit aufweisen, die in etwa der halben Wellenlänge des Lichtes entspricht. Das Bild ist abhängig von der Beschaffenheit (plan, wellig, konkav, konvex) und der Transparenz (halb transparent, nicht transparent) des Spiegels.

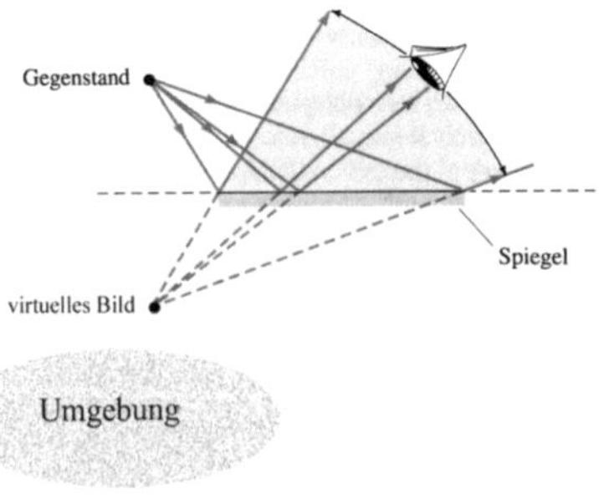

Abbildung 4.3: Transparenter Spiegel, in dem der gespiegelte Gegenstand und die Umgebung gleichzeitig sichtbar sind [17]

Ein transparenter Spiegel ist zum Beispiel eine normale Glasscheibe, sie ist sowohl transparent als auch reflektierend. Hier setzt sich das Bild aus der transparenten Durchsicht und dem reflektierten Spiegelbild zusammen (Abbildung 4.3). [17]
Beim Spiegel entspricht die Wahrnehmungsentfernung der Lauflänge des Lichtes und nicht dem Abstand zum Spiegel. Betrachten wir uns also selbst aus einem Meter Entfernung zum Spiegel, sehen wir uns eigentlich aus einer Entfernung von zwei Metern. Dieser Effekt sorgt dafür, dass wir das virtuelle Bild eines HUDs weit außerhalb des Fahrzeugs wahrnehmen können.

4.1.1 Scheimpflug-Bedingung und Bildfeldwölbung

Die Scheimpflug-Bedingung beschreibt die Möglichkeit, die Schärfenebene eines optischen Systems zur optischen Achse zu neigen. Die Ebene des Bildes, der Linse und des Gegenstandes schneidet sich hierbei immer in einer Linie. Dies bedeutet für einen Standardfotoapparat, in dem die Ebenen des Filmes und der Linse parallel verlaufen, dass die Ebene der Schärfe auch hierzu parallel ist, da sich diese im Unendlichen schneiden. Soll nun die Schärfenebene z. B. auf einem stehenden Turm liegen und der Fotoapparat geneigt werden, damit der Turm vollständig auf dem Bild erfasst werden kann, so muss auch die Ebene der Linse und/oder des Films geneigt werden. Dies kann z. B. mithilfe einer Balgenkamera erreicht werden.

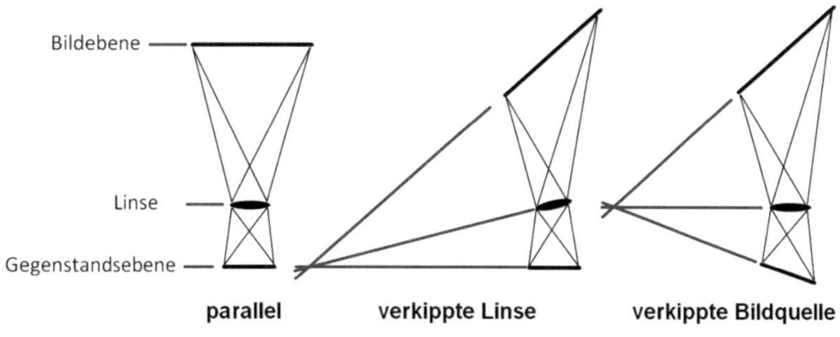

Abbildung 4.4: Verschiedene Möglichkeiten zur Einhaltung der Scheimpflug-Bedingung

Die Bildfeldwölbung ist ein Abbildungsfehler einer Optik, bei dem die achsfernen Strahlen eine kürzere Bildweite aufweisen als die achsnahen Strahlen. So ergibt sich eine Bildebene, die zu den Rändern der Linse eine Wölbung hin zur Linse aufweist (Abbildung 4.5).

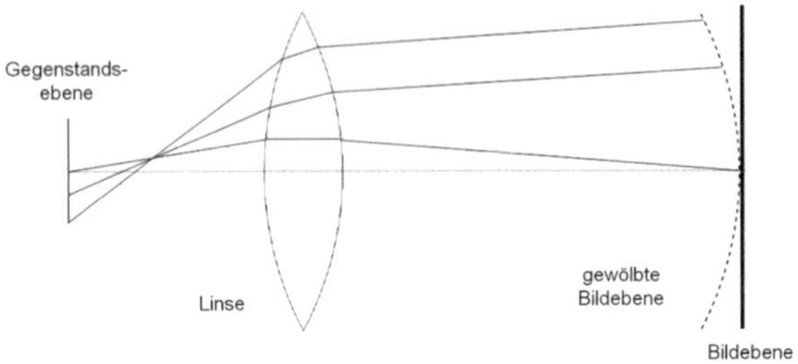

Abbildung 4.5: Der Effekt der Bildfeldwölbung: Achsferne Strahlen haben hier ein kürzere Bildweite als achsnahe Strahlen

4.1.2 Prinzipieller Aufbau eines Head-up Displays

Ein HUD besteht immer aus einer Bildquelle, einer Optik und einem transparenten Spiegel. Die Optik erzeugt aus der Bildquelle ein vergrößertes virtuelles Bild, das durch den transparenten Spiegel, den Combiner, in das Sehfeld des Fahrers eingespiegelt wird (Abbildung 4.6).

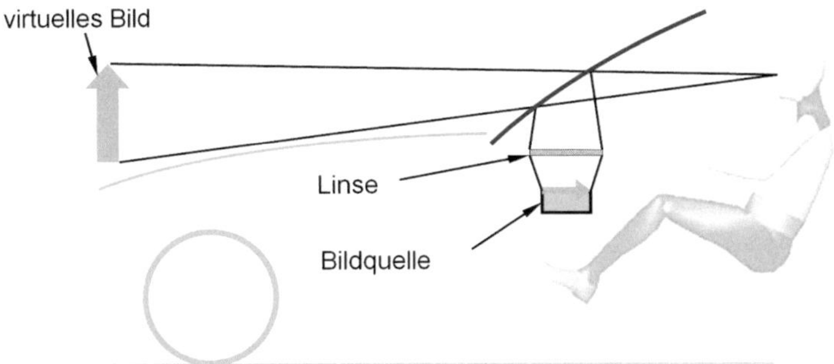

Abbildung 4.6: Prinzipieller Aufbau eines HUDs aus einer Bildquelle, einer Linse und der Windschutzscheibe als Combiner

Als Bildquelle können sämtliche lichtemittierenden Anzeigen verwendet werden, wobei sich im Fahrzeug aktuell Flüssigkristall- und Fluoreszenzdisplays durchgesetzt haben. Die Bildquelle sollte ein möglichst helles, kontrastreiches und in der Helligkeit regelbares Bild erzeugen. Die Optik ist aus einer bzw. mehreren Linsen oder Hohlspiegeln aufgebaut. Diese vergrößern die Bildquelle und den Abstand des virtuellen Bildes. Die Optik erfüllt zudem die Aufgabe, den Strahlengang zusammenzufalten und an den vorhandenen Bauraum anzupassen. Im Fahrzeug werden für die Optik hauptsächlich Hohlspiegel verwendet, da diese leichter und in größeren Mengen kostengünstig herzustellen sind sowie keine chromatische Aberration aufweisen.

Zudem steht im Fahrzeug wenig Bauraum zur Verfügung, weshalb ein mehrfaches Zusammenfalten des Strahlengangs erforderlich ist. Den transparenten Spiegel bildet bei Combiner Head-up Displays eine weitere Scheibe, die meist noch als Hohlspiegel geformt ist. In den meisten Fällen ist der Combiner die Windschutzscheibe selbst. Sie muss speziell angepasst werden, da eine Spiegelung an beiden Scheibenseiten auftritt und zu Doppelbildern führt (Abbildung 4.7). Um dies zu vermeiden, wird die Scheibe, eine Verbundglasscheibe, mit einer keilförmigen Folie zusammengeklebt, sodass sich die beiden Bilder durch den entstandenen Winkel vollständig überlagern.

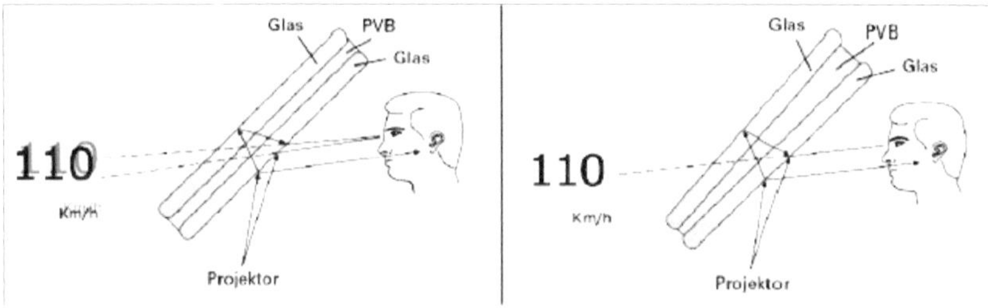

Abbildung 4.7: Korrektur von Doppelbildern in der Windschutzscheibe mithilfe einer keilförmigen PVB-Folie

Die Berechnung des Winkels der Scheiben zueinander wird z. B. von Schneid [1] beschrieben und ist von der Scheibendicke, dem Winkel des Projektors zur Scheibe, der Entfernung des virtuellen Bildes und dem Brechungsindex der Glassorte abhängig. Somit kann durch den Winkel der Scheiben zueinander das Doppelbild nur für eine Entfernung des virtuellen Bildes ausgeglichen werden, woraus immer eine Kompromisslösung für ein kHUD mit liegendem virtuellen Bild resultiert. Dieser Kompromiss ist jedoch nur im vorderen Teil des Bildes sichtbar, da ab einer Entfernung des virtuellen Bildes von ca. 20 m das Doppelbild in den Bereich der Auflösbarkeit des menschlichen Auges (0,5‘–1‘) tritt.

4.2 Auslegung und Integration von Head-up Displays

Als wichtigste ergonomische Rahmenbedingungen für die Auslegung eines HUDs gelten neben dem Anzeigeinhalt die Positionen der Eyebox und des virtuellen Bildes. Das virtuelle Bild ist die Anzeigefläche, die der Fahrer vor sich wahrnimmt. Die Eyebox ist der Bereich, in dem das Bild vom Fahrer aus gesehen werden kann.

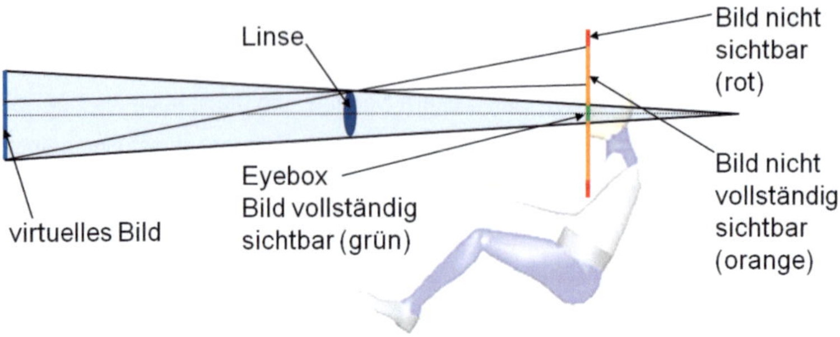

Abbildung 4.8: Die Eyebox ist die Schnittfläche des Strahlenbündels im Augpunkt. In diesem Bereich ist das virtuelle Bild vollständig sichtbar. Außerhalb der Eyebox ist das Bild zuerst nur teilweise sichtbar und dann nicht mehr sichtbar.

Die Optik verwendet hier den Begriff der Austrittspupille, der das Strahlenbündel bezeichnet, welches das letzte optische Element verlässt. Die Eyebox stellt die Schnittfläche dieses Strahlenbündels im Augpunkt des Fahrers dar. Verlässt der Fahrer diesen Bereich, sieht er das virtuelle Bild nicht mehr vollständig, da sein Sichtstrahl vom ersten Spiegel oder einer Blende beschnitten wird. Bewegt er sich noch weiter von der optischen Achse weg, kommt er in einen Bereich, in dem er das Bild nicht mehr sieht.

Da unterschiedlich große Fahrer mit unterschiedlichen Sitzpositionen im Fahrzeug sitzen, muss zunächst der Bereich festgelegt werden, in den die Fahrer bei eingestelltem Sitz ihre Augen haben. Dies geschieht in der frühen Entwicklungsphase eines Fahrzeugs in der Regel mittels digitaler Menschmodelle, wobei dieser Bereich aber auch experimentell in einer Sitzkiste ermittelt werden kann. Daraus ergibt sich eine Punktewolke der Mittenaugenpositionen der unterschiedlichen Anthropometrien. Aus dieser Punktewolke wiederum resultiert die Höhe der Eyebox, da es sich um Punkte in einer Ebene mittig zum Sitz handelt. Deckt die Höhe der Eyebox diesen Bereich völlig ab, handelt es sich um eine statische Eyebox. Aufgrund des geringen zur Verfügung stehenden Bauraums muss die Eyebox aber meist flach gehalten werden, weshalb sie relativ zur Sitzposition höhenverstellbar gestaltet wird. Ihre Breite liegt meist bei ca. 120 mm.

Die Position und Größe des virtuellen Bildes wird im CAD ausgelegt und kann ebenso mithilfe von Mensch- oder Kameramodellen beurteilt werden. Zur Beschreibung der Bildposition werden häufig auch die Winkel von der Eyebox aus angegeben. Der Winkel vom Horizont zum Bild nennt sich hier *Look Down Winkel,* der Winkel aus der Sitzmitte zur Bildmitte L*ook Over Winkel.* Das Bild wird bei den aktuellen serienmäßigen HUDs meist zwischen dem 5°-Sichtstrahl und dem Sichtstrahl zur Scheibenwurzel oder Motorhaube positioniert. Die Gründe hierfür liegen in unterschiedlichen Helligkeiten und Homogenitäten des Hintergrundes im unteren Bereich. Diese Inhomogenitäten im Helligkeits- und Farbkontrast führen zu einem erschwerten Ablesen des virtuellen Bildes (vgl. Abbildung 4.9).

Abbildung 4.9: Unterschiedliche Positionierung des virtuellen Bildes: Das obere Head-up Display weist einen inhomogenen Hintergrund (Fahrbahn und Motorhaube) auf, was zu erschwertem Ablesen führen kann, das untere zeigt nur die Fahrbahn als Hintergrund.

Der 5°-Sichtstrahl entspricht einer gesetzlichen Bedingung und begrenzt das Bild nach oben, damit keine Überlagerung mit und somit Verdeckung des Bildes durch die Umwelt stattfindet. Ein virtuelles Bild eines konventionellen HUDs im primären Sichtbereich ist zu vermeiden, da dieses keinen Vorteil gegenüber einem kleineren Blickabwendungswinkel zu einer möglichen Sichtverdeckung des Verkehrs bietet. Für Spezialfälle wie das kHUD ist es aber zwingend nötig, das virtuelle Bild dem gewünschten Verkehrsbereich zu überlagern. Im CAD kann die Position eines virtuellen Bildes verschiedenen Straßenszenen überlagert und so abgesichert werden.

Stehen die Positionen der Eyebox und des Bildes fest, werden diese über ihre Randstrahlen miteinander verbunden und dieser Strahlengang wiederum an der Windschutzscheibe gespiegelt. Der gespiegelte Strahlengang schneidet die I-Tafel und markiert so die Austrittsöffnung des HUDs. Die Größe dieses Strahlenganges bestimmt neben der Größe des ersten Spiegels im HUD auch seine Lage, denn eine Verschiebung ist nur entlang des Strahlengangs möglich. Die Position nachfolgender

Spiegel oder Linsen hängt davon ab, wie der weitere Strahlengang durch die Spiegel gefaltet wird. Diese Faltung ist ihrerseits stark abhängig von der Form des zur Verfügung stehenden Bauraums, wie oben bereits dargelegt.

Zusammenfassend ist festzustellen, dass die Lage der Austrittsöffnung und des HUDs durch die Position der Eyebox, des Bildes und den Winkel der Windschutzscheibe festgelegt wird. Die Größe von Eyebox und Bild bestimmen die Größe der Austrittsöffnung sowie des ersten Spiegels und somit maßgeblich die Größe des Bauraums.

Der für ein HUD zur Verfügung stehende Bauraum variiert von Fahrzeug zu Fahrzeug stark. Die einzelnen Hersteller haben in diesem Bereich des Fahrzeugs unterschiedliche Konzepte für Karosserie und Tragstruktur. Auch die Art des Fahrzeugs, SUV oder Sportwagen, wirkt sich auf diesen Bereich des Bauraums aus. Hier wird nur der grundsätzliche Aufbau dieses Bereiches dargestellt, um einen Überblick über die begrenzenden Faktoren in der HUD-Größe zu geben.

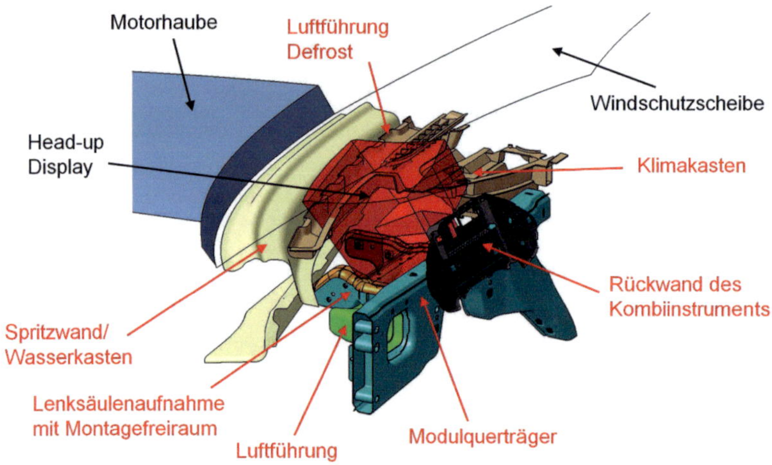

Abbildung 4.10: Bauraum im Bereich des Head-up Displays (rotes Volumen). Die rot beschrifteten Bauteile stehen im Konflikt mit dem Bauraum des Head-up Displays.

Abbildung 4.10 stellt den Bauraum in der Umgebung des HUDs dar. In der Abbildung kennzeichnen die roten Beschriftungen die begrenzenden Bauteile in diesem Bereich. In Fahrtrichtung vorne wird der Bauraum durch die Spritzwand bzw. den Wasserkasten begrenzt. Dies sind Teile des Fahrzeugrohbaus, die nur schwer zu ändern sind. Ebenfalls vorne befindet sich die Luftführung für den Scheibendefrost, zur rechten Seite der Klimakasten. Die luftführenden Teile können dem Bauraum des HUDs in kleinen Bereichen angepasst werden, wobei gegebenenfalls ein Kompromiss aus Luftdurchsatz und Geräuschentwicklung erforderlich ist. Der hintere Bereich ist begrenzt durch den Modulquerträger und das Kombiinstrument. Der Modulquerträger verbindet die Karosserieseiten und trägt die I-Tafel sowie die Lenksäule. Das Kombiinstrument muss aus Gründen der Ablesbarkeit und zur Vermeidung von Spiegelungen möglichst tief in der Hutze verbaut werden. Die linke Seite bietet den meisten Platz, da hier nur Lautsprecher und gegebenenfalls Steuergeräte verbaut werden. Unter dem HUD befindet sich die Aufnahme für die Lenksäule und die Luftführung zum linken Mannanströmer. Der Platz zur Lenksäule ist abhängig vom Fahrzeugkonzept, da z. B. ein SUV eine steilere Lenksäule aufweist als ein Sportwagen. Nach oben ist das HUD durch die I-Tafel begrenzt.

Die vielen Abhängigkeiten und Einflüsse der HUD-Auslegung und der iterative Prozess, der aus Änderungen an den HUD-Parametern resultiert, ist auch im Softwaretool RAMSIS-kognitiv abgebildet [18]. Hiermit können Parameter wie Bildgröße, Eyeboxgröße, Look down Winkel, Scheibenwinkel etc. verändert und die Auswirkungen auf den Bauraum des HUDs untersucht werden. Weiterhin sind auch Überprüfungen der Bildposition fertiger Konzepte und der damit verbundenen Sichtbarkeit des Bildes möglich, wodurch die Auslegung besonders in der frühen Entwicklungsphase eines Fahrzeugs unterstützt wird.

4.3 Bedingungen und Möglichkeiten der kontaktanalogen Darstellung

Es erscheint in der Literatur kein festes Kriterium, das erfüllt sein muss, damit eine Anzeige als kontaktanalog gilt. Das Prinzip der Anzeige definiert sich eher über eine Verschmelzung der künstlichen Anzeige mit der Realität. Hierfür muss die technische Einrichtung der Anzeige dem Menschen den Eindruck vermitteln, dass die Anzeige Teil der Realität ist. Um diesen Eindruck zu vermitteln, müssen die Kriterien zur visuellen Wahrnehmung (Kapitel 3.1) durch die Anzeige derart erfüllt werden, dass sie der Realität entsprechen. Da sich die menschliche Wahrnehmung aber auch täuschen lässt, reicht es in einigen Fällen, nur einen Teil dieser Kriterien zu erfüllen. Nachfolgend werden Kriterien erläutert, die kontaktanaloge Anzeigen möglich machen, sowie Technologien, welche diesen Kriterien entsprechen.

4.3.1 Bedingungen für gute kontaktanaloge Darstellungen

Damit eine Anzeige als Teil der Realität wahrgenommen wird, müssen drei Bedingungen erfüllt sein: Die Anzeige muss die Umwelt exakt überlagern und sowohl mit den monokularen als auch mit den binokularen Tiefenkriterien in der richtigen Raumposition wahrgenommen werden (Abbildung 4.11).

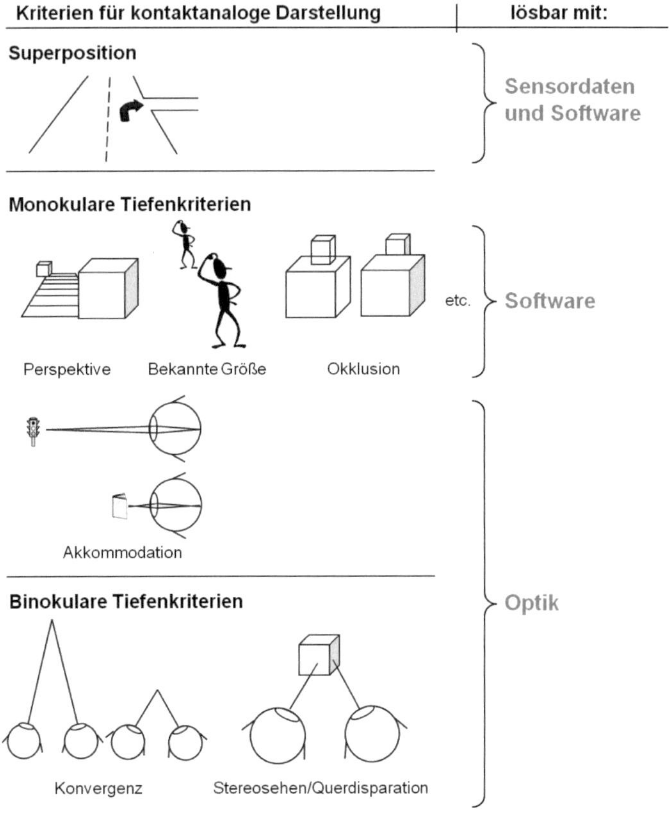

Abbildung 4.11: Kriterien für kontaktanaloge Darstellungen und ihre technischen Lösungsmöglichkeiten

Um an einer bestimmten Stelle im Raum etwas anzuzeigen oder ein Objekt zu markieren, muss dessen Position zu den Augen bekannt sein. Des Weiteren muss die Position der Anzeigefläche zu den Augen bekannt sein, um die Anzeige zu überlagern. Im Fall des HUDs, das fest im Fahrzeug verbaut ist, muss demnach die Position der Augen zum HUD und die Position der gewünschten Anzeige in der Realität

bekannt sein. Sensoren können diese Positionen messen, während eine Software die Superposition der Anzeige berechnet.
Die monokularen Tiefenkriterien können, abgesehen von der Akkommodation, ebenfalls mithilfe einer Software erzeugt werden. Generiert eine 3-D-Software die Anzeige, erfolgt eine automatische Berechnung dieser Kriterien.
Die binokularen Tiefenkriterien sowie die Akkommodation sind durch Optik zu erzeugen. Die Akkommodation des Auges passt die Winkel der einfallenden Lichtstrahlen durch Linsenkrümmung so an, dass sie scharf auf der Netzhaut abgebildet werden. Die Stärke der Linsenkrümmung lässt in Bereichen bis ca. 6 m auf die Entfernung zum Objekt schließen [10]. Um diesen Effekt zu beeinflussen, sind demzufolge die Winkel der Lichtstrahlen von der Anzeige durch Brechung, Reflexion oder Beugung zu ändern. Bei der Konvergenz wird die Entfernung über den Winkel der Lichtstrahlen zwischen beiden Augen geschätzt, der wiederum mit einer entsprechenden Optik abzuändern ist, wenn die Konvergenz beeinflusst werden soll. Bei der Querdisparation wird die Entfernung durch die unterschiedlichen Bilder eines Objektes auf der Netzhaut geschätzt. Diese Bilder können entweder ebenso durch den Winkel der Lichtstrahlen erzeugt werden oder jedem Auge wird ein entsprechendes, vorher berechnetes Bild gezeigt.
Da die Effekte zur Tiefenwahrnehmung nicht in jeder Situation und Entfernung gleich stark ausgeprägt sind, ist es ausreichend, auch nur einen Teil dieser Effekte zu erfüllen. Technische Lösungen, die hierauf beruhen, werden nachfolgend beschrieben.

4.3.2 Stereosehen

Stereosehen bezeichnet die Wahrnehmung der Umwelt mit zwei Augen, womit die binokularen Tiefenkriterien angesprochen sind. Da die Augen einen Abstand von ca. 6 cm zueinander aufweisen, liefert jedes Auge dem Gehirn ein anderes Bild der Realität, aus deren Differenz das Gehirn eine räumliche Darstellung erzeugt. Zur Realisierung einer Anzeige, die das Stereosehen nutzt, ist jedem Auge ein eigenes Bild anzuzeigen. Gebräuchlich ist diese Technik bei Head-mounted Displays, deren Display sich am Kopf befindet und jedem Auge über eine Art Brille ein eigenes Bild präsentiert. Um diese Technik bei HUDs anzuwenden, haben Nakamura und Kollegen [19] zwei HUDs nebeneinander verbaut, um über zwei Eyeboxen jedem Auge ein eigenes Bild darzustellen (Abbildung 4.12).

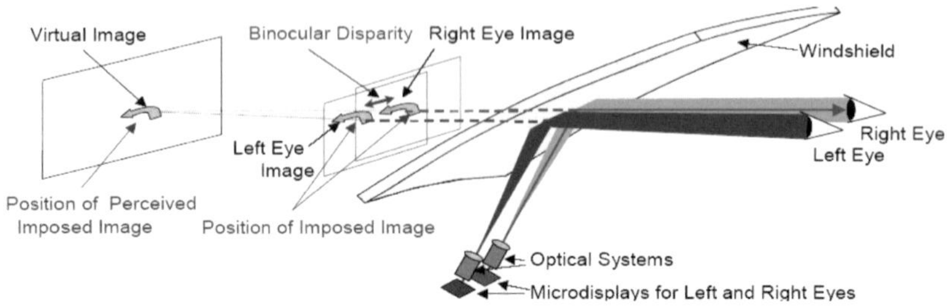

Abbildung 4.12: Kontaktanaloges Head-up Display durch Stereosehen [19]

Auf diese Weise ist es möglich, alle binokularen und durch die Art der Darstellung auch alle monokularen Tiefenkriterien mit Ausnahme der Akkomodation zu erzeugen. Problematisch ist jedoch, dass sich die Augen hier an einer sehr genauen Position befinden müssen. Eine Seitwärtsbewegung von ca. 3,2 cm, der halbe Augabstand, führt bereits zum Verlassen einer Eyebox und somit zum Versagen des Effektes.

4.3.3 Disparitätsminimierung

Bergmeier [20] entwickelte ein kHUD für mittlere bis sehr große Entfernungen, indem er nur den dort wirkenden Teil der menschlichen Tiefenwahrnehmung ansprach. Die große Anzeigeentfernung dieses Displays resultiert aus dem Entwicklungsziel eines kontaktanalog markierenden Nachtsichtsystems. Hierfür muss lediglich in Entfernungen, die größer sind als die Scheinwerferreichweite, angezeigt werden.
Da die binokularen Tiefenkriterien mit größerer Entfernung abnehmen, überwiegen ab einer bestimmten Entfernung die monokularen Tiefenkriterien. Diese Entfernung wurde experimentell ermittelt und beläuft sich für das virtuelle Bild eines HUDs nach Bergmeier [20] auf 50 m.
Dieser Effekt wurde genutzt, indem das virtuelle Bild des HUDs 50 m vom Fahrer entfernt angezeigt wird, sodass die monokularen Tiefenkriterien überwiegen und das Auge die Entfernung nur durch die monokularen Tiefenkriterien einschätzt. Eine Anzeigeentfernung, die größer oder kleiner als 50 m ist, wird mittels monokularer Tiefenkriterien dargestellt und dem zu markierenden Objekt überlagert (Abbildung 4.13). Die durch die Überlagerung entstehende Parallaxe ist vernachlässigbar klein, da die Kopfbewegungen innerhalb der Eyebox im Verhältnis zur Anzeigeentfernung nur sehr gering sind.

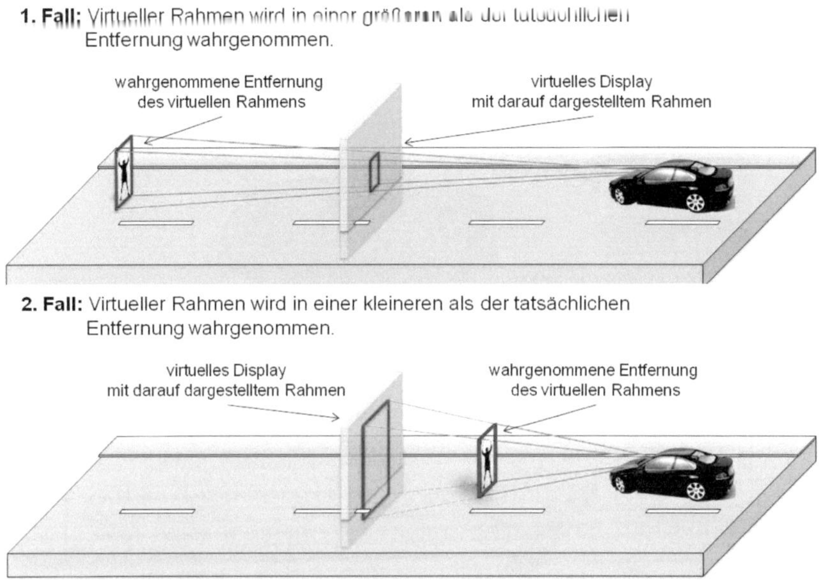

Abbildung 4.13: Darstellung unterschiedlicher Entfernungen mit monokularen Tiefenkriterien nach Bergmeier [20]

Durch diesen Aufbau war für die große Anzeigeentfernung die Realisierung einer guten kontaktanalogen Darstellung möglich [20].

4.3.4 Schwingende Bildebene

Das Virtual Cable [21] ist ein HUD mit einer schwingenden Bildebene, auf die mit einem Laser ein Bild gezeichnet wird. Hierzu lenkt ein Scannerspiegel den Laserstrahl ab, der nun auf die Bildebene zeichnen kann (Abbildung 4.14), die einer Leinwand auf einer Lautsprechermembran gleicht. Sie wird mit einem elektromagnetischen Aktuator wie beim Lautsprecher bewegt mit dem Effekt, dass die Bildebene auf den Brennpunkt der Linse zubewegt werden kann, wodurch sich der Abstand des virtuellen Bildes vergrößert (siehe Abbildungsgesetz, Kapitel 4.1). Wird mit dem Laserstrahl ein Strich auf die Bildebene gezeichnet und diese gleichzeitig auf den Brennpunkt zubewegt, erscheint durch das HUD eine Linie im Raum, die vom Fahrer aus in die Tiefe gezeichnet wird.

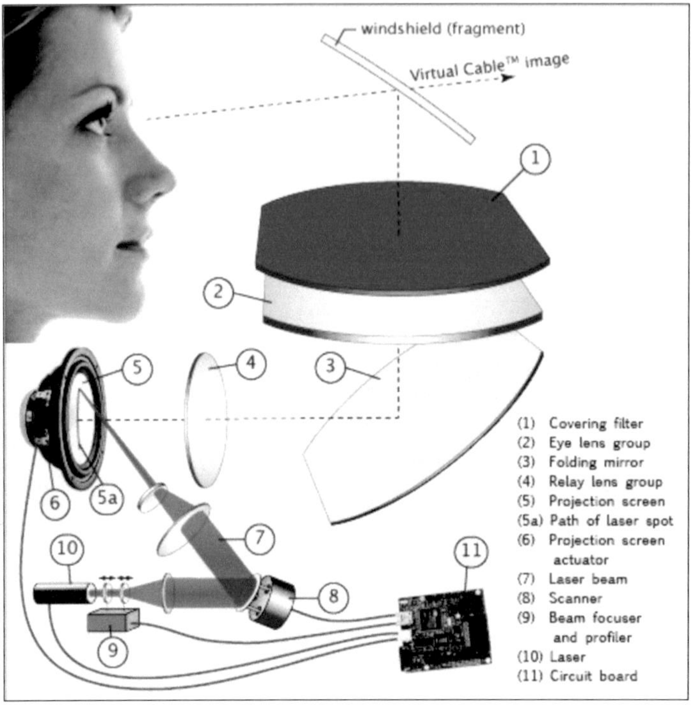

Abbildung 4.14: Aufbau des Virtual Cable™ Head-up Displays [21]

Die Bildebene schwingt mit 60 Hz und einer Amplitude von 3 mm und hat einen Durchmesser von 35 mm. Durch die restlichen Optikelemente kann es demnach ein virtuelles Bild in einem Abstand von 10 m bis unendlich kontinuierlich in den Raum zeichnen. Da es ein 3-D-Bild in ein Raumvolumen zeichnen kann, wird es als „Volumetric HUD“ bezeichnet. Die 3-D-Darstellung ist zwar theoretisch möglich, bisher wird jedoch nur eine Linie über die Straße gezeichnet, die als Navigationspfad dient. Dies liegt darin begründet, dass sich die Bildebene in 16,6 ms (≙ 60Hz) 3mm auf den Brennpunkt zubewegt. In dieser Zeit kann ein kontinuierlicher Laserstrahl nur eine Linie und kein vollständiges Bild zeichnen. [21]

Für ein aufwendigeres, flächiges Bild müssten die einzelnen Bildinhalte nach der Bildtiefe geordnet nacheinander angezeigt werden. Soll also ein 3-D-Bild mit z. B. zehn verschiedenen Tiefenbereichen entstehen, muss die Bildwiederholfrequenz der Bildquelle bereits bei 600 Hz liegen.

Gegenüber den Möglichkeiten dieser Technik, ein Bild in den 3-D-Raum zu projizieren oder zumindest in verschiedenen Entfernungsebenen darzustellen, steht ein Problem mit der schwingenden Bildquelle. Da diese wie ein Lautsprecher funktioniert, erzeugt auch sie ein entsprechendes Geräusch, das stark gedämpft werden müsste und gegebenenfalls Akzeptanzprobleme hervorrufen kann.

Abbildung 4.15: Darstellung des Navigationspfades als rote Linie über der Fahrbahn beim Virtual Cable™ [21]

4.3.5 Liegendes virtuelles Bild

Bubb [22] entwickelte ein kHUD mit dem Ziel, eine ergonomisch optimale Darstellung des Sicherheitsabstandes und Bremsweges abbilden zu können.

Diese Möglichkeit einer kontaktanalogen Darstellung geht davon aus, dass sich die darzustellenden Objekte, z. B. Querbalken für Sicherheitsabstand, vorwiegend auf der Straßenoberfläche befinden. Dementsprechend entwarf Bubb [23] ein HUD, bei dem das virtuelle Bild auf der Straßenoberfläche liegt.

Hierzu werden von Bildpunkten (Abbildung 4.16: $x_{b1/2}$ und $h_{b1/2}$), die sich auf der Straße befinden, unter Verwendung des Abbildungsgesetzes (siehe 2.1.1) Punkte mit der entsprechenden Gegenstandshöhe und -weite errechnet ($e_{g1/2}$ und $h_{g1/2}$). Daraus resultiert eine Gegenstandsebene, die sich mit der Linsenebene und der Bildebene in einem Punkt schneidet (Scheimpflug-Bedingung, Kapitel 4.1.1). Die auf dem Display (der Gegenstandsebene) dargestellten Anzeigen werden folglich automatisch in der richtigen Entfernung und am richtigen Ort auf der Straße scharf abgebildet.

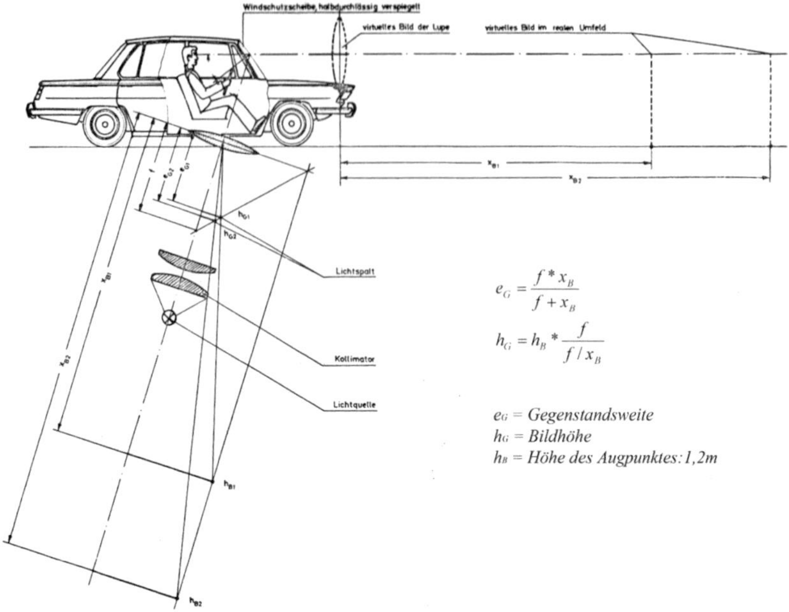

Abbildung 4.16: Berechnung der Optik für ein auf der Straßenoberfläche liegendes virtuelles Bild nach Bubb [23]

Hierdurch sind alle binokularen und, unter Verwendung der entsprechenden Anzeige, auch alle monokularen Tiefenkriterien erfüllt. Da diese Art der Anzeige ausschließlich Objekte auf der Straßenoberfläche abbildet, eignet sie sich für die Darstellung des Überholwegs, Bremswegs, Sicherheitsabstands, der maximal möglichen seitlichen Abweichung, der künstlichen Sicht und für Navigationshinweise [6].

Schneid [1] griff diese Idee auf und entwickelte sie nach dem Prinzip von Bergmeier zu einer Hybridlösung weiter [20], um mit dem virtuellen Bild auch den Bereich bis zum Horizont abzudecken. Schneid behielt im Nahbereich das liegende virtuelle Bild bei, um hier noch die binokularen Tiefenkriterien anzusprechen. Mit steigender Entfernung biegt sich das virtuelle Bild aber nach oben, um hier, nur mit monokularen Tiefenkriterien, die Anzeige zu überlagern. Daraus ergibt sich eine größere Anzeigeentfernung als mit einem rein liegenden virtuellen Bild.

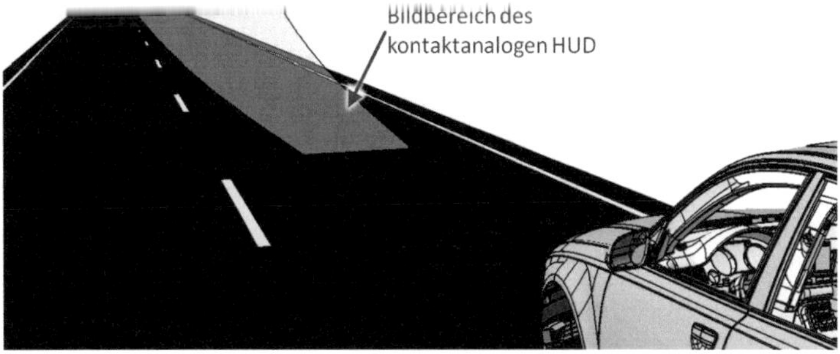

Abbildung 4.17: Auf der Fahrbahn liegendes, nach oben gewölbtes virtuelles Bild

Das virtuelle Bild beginnt 12 m vom Fahrer entfernt und endet bei 35 m. Die Bildfläche hat die Form einer Zylindermantelfläche mit einem Radius von 500 m (Abbildung 4.17).

Schneid hat im Versuch nachgewiesen, dass mit dem liegenden virtuellen Bild kleinere Anzeigen wie etwa der Digitaltacho als annähernd stehend wahrgenommen werden. Die Darstellung der Ziffern erfolgte hierfür gestaucht, sodass sie stehend wirkten. Im Versuch sollten die Probanden dann den Bereich in ein Bild einzeichnen, in dem sie das virtuelle Bild wahrgenommen hatten. Abbildung 4.18 zeigt deutlich, dass die liegende virtuelle Bildebene durch eine geeignete Darstellung auch als Bildbereich im Raum aufgefasst werden kann.

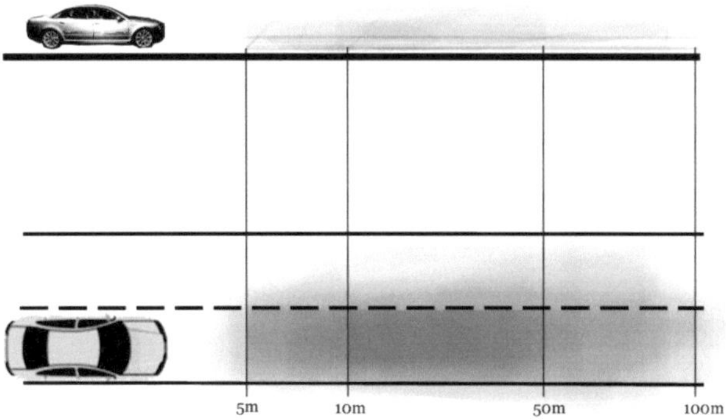

Abbildung 4.18: Von Probanden wahrgenommener Anzeigebereich des kHUDs von Schneid [1]

5 Aufbau und Optimierung des Versuchsträgers

Dieses Kapitel beschreibt die Weiterentwicklung und Optimierung eines kHUDs. Ausgehend von dessen Beschreibung werden Verbesserungspotenziale ermittelt und analysiert sowie die verwendeten Optimierungsmethoden vorgestellt. Abschließend wird der aus diesen Ergebnissen neu entwickelte Prototyp beschrieben.

5.1 Stand des Versuchsträgers

Bei dem bestehenden HUD handelt sich um den von Schneid [1] entwickelten Prototyp. Nach einer kurzen Zusammenfassung zu dessen Aufbau und Schneids Entwicklungszielen folgt ein Erfahrungsbericht zum Umgang mit diesem Aufbau.

5.1.1 Aufbau

Der Aufbau des HUDs ist im Wesentlichen durch vier von Schneid vorgegebene Bedingungen entstanden:

- Einhaltung des maximalen Bauraumes
- größtmögliche Auslegung des virtuellen Bildes
- Sicherstellung einer hohen Bildqualität durch Berücksichtigung der Ergebnisse aus einer Studie über Abbildungsfehler in virtuellen Bildern
- Berücksichtigung der optischen Eigenschaften der ausgewählten Windschutzscheibe mit Keilfolie

  [1]

Um eine entsprechende Bildgröße im vorgegebenen Bauraum zu erreichen, wird eine Zwischenbildoptik eingesetzt. Diese besteht neben einem Display aus einer Linse, einem planen Faltspiegel und drei asphärischen Spiegeln. Diese sind zum größten Teil in einer Stahlkonstruktion befestigt, die im Fahrzeug nicht nur den herausgeschnittenen Modulquerträger, sondern gleichzeitig auch die Lenksäulenaufnahme ersetzt. Der Aufbau umfasst ein Volumen von ca. 12 Litern.

Das virtuelle Bild sollte eine gekrümmte Form aufweisen, die vor dem Fahrzeug aufliegt und sich in größerer Entfernung hoch bis zum Horizont wölbt. Um dieses liegende, gekrümmte virtuelle Bild darzustellen, kamen zwei optische Prinzipien zur Anwendung: die Scheimpflug-Bedingung und die Bildfeldwölbung (siehe 2.1.4). Durch die Berücksichtigung der Scheimpflug-Bedingung kann das virtuelle Bild auf die Fahrbahnoberfläche gelegt und hier scharf abgebildet werden. Hierzu werden die Linse und auch die Bildquelle zur optischen Achse gekippt. Um die Wölbung des

Bildes hoch zum Horizont umzusetzen, kommt der Effekt der Bildfeldwölbung zum Einsatz.

Als Bildquelle verwendet Schneid ein vollfarbiges 1,8-Zoll TFT-Display mit einer Auflösung von 480x240 Pixeln.

5.1.2 Lessons Learned

Schneids Aufbau war als Machbarkeitsstudie ausgelegt und berücksichtigte die Ergebnisse von Bubb und Bergmeier [20]. Ziel war es, nachzuweisen, dass der Einbau eines kHUDs in ein modernes Fahrzeug generell möglich ist und diese Technologie auch akzeptiert wird.

Aus Schneids durchgeführten Versuchen und anhand von Expertenbeurteilungen wurden Verbesserungspotenziale des Aufbaus ermittelt.

Bildposition

Die Auslegung der horizontalen Position des virtuellen Bildes erfolgte wie beim konventionellen HUD direkt vor dem Fahrer. Dies hat zur Folge, dass das virtuelle Bild nicht symmetrisch zur Fahrbahn, sondern zum Fahrer erscheint. Der Versatz beträgt hier ca. 30 cm. Bemerkbar macht sich dies z. B. bei der Anzeige des Sicherheitsabstandes mit Querversatz. Der Balken in einer Rechtskurve verschwindet beispielsweise früher aus dem Bild als in einer Linkskurve. Auch künftige symmetrische Anzeigen wie die Markierung der Fahrspur könnten dann am rechten Bildrand nur verkürzt dargestellt werden. Dies erschwert im Allgemeinen also das Verständnis der Grenzen des virtuellen Bildes.

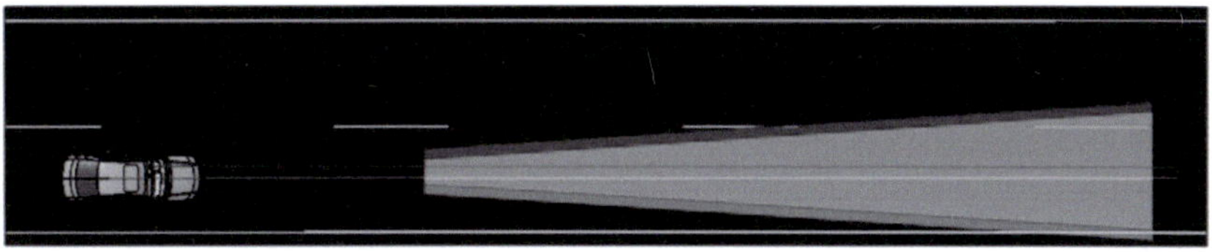

Abbildung 5.1: Versatz des virtuellen Bildes bei Auslegung symmetrisch zum Fahrer (rot) und symmetrisch zum Fahrzeug (grün)

Aus Abbildung 5.1 geht der Versatz der Bilder deutlich hervor. Diese Betrachtung macht eindringlich sichtbar, dass das virtuelle Bild nicht ohne das gewünschte Anzeigekonzept zu betrachten ist. Als erster Schritt in der Auslegung eines kHUDs sollte demnach die gewünschte Anzeige festgelegt und darauffolgend Bildform und -größe ermittelt werden.

Eyeboxverstellung

Die Eyeboxverstellung ist nötig, um die Position der Eyebox an die Augposition des Fahrers anzupassen. Indem hierfür der erste Spiegel gedreht wird, verschieben sich Eyebox und Bildlage. Abbildung 5.2 illustriert die an der Frontscheibe gespiegelte Drehachse des Spiegels.

Abbildung 5.2: Verschiebung des virtuellen Bildes, wenn die Eyeboxverstellung durch ein Drehen des ersten Spiegels realisiert wird

Eine gewollte Verschiebung der Eyebox bedingt durch die Position der Drehachse des Spiegels auch eine Verschiebung des virtuellen Bildes (Abbildung 5.2), die ihrerseits jedoch durch die Lage des Drehpunktes viel größer ist als diejenige der Eyebox. Aus dem Versuch ergab sich, dass der Fahrer ein Anheben des virtuellen Bildes durch die Eyeboxverstellung deutlich wahrnimmt und eine kontaktanaloge Darstellung auf der Fahrbahn so nicht möglich ist.

Eine denkbare Lösung besteht im Verschieben der Drehachse hin zum virtuellen Bild. Dieses wird dabei nur um seinen Auflagepunkt gedreht, wodurch auch der Drehwinkel kleiner ist (Abbildung 5.3). Da sich demzufolge auch nur der entfernte Teil des virtuellen Bildes bewegt, kann der Fahrer dies durch die abnehmenden binokularen Tiefenkriterien in der Ferne nicht mehr so gut wahrnehmen. Nachteilig an dieser Lösung ist, dass der erste Spiegel im HUD nicht mehr um eine Achse am Spiegel gedreht werden kann, sondern die weit entfernte Drehachse eine größere Schwenkbewegung erfordert. Der hierfür benötigte freie Schwenkbereich wirkt sich stark zulasten des Bauraums aus.

Abbildung 5.3: Verschiebung der Eyebox und Drehen des virtuellen Bildes, wenn der erste Spiegel um einen Punkt im virtuellen Bild gedreht wird

Bildquelle

Aufgrund der Scheimpflug-Bedingung muss das Display zur optischen Achse geneigt werden. Daraus resultiert, dass der Blick durch das HUD schräg auf das Display fällt, wodurch Kontrast und die Helligkeit des Displays stark absinken. Dieser Effekt ist auch an den meisten TFT-Monitoren zu beobachten: Je größer der Winkel, in dem man auf den Monitor blickt, umso stärker sinken Kontrast und Helligkeit. Dieser Effekt tritt bei allen LCD-Displays auf und ist bauartbedingt. Eine spezielle Anfertigung könnte zwar ein Display ermöglichen, das den Einblickwinkel asymmetrisch zu einer Seite verschiebt, aufgrund der für HUDs gefertigten geringen Stückzahlen erscheint dies allerdings nicht rentabel.

Aufgrund der Scheimpflug-Bedingung, der geforderten Helligkeit und des Kontrastes ist hier also eine Umstellung auf eine andere Technologie der Bildquelle unumgänglich.

Bauraum

Der aufgebaute HUD-Prototyp benötigt im Fahrzeug einen Bauraum von 12 Litern, wobei die Höhe des Displays als besonders kritisch zu betrachten ist. Der untere Teil des Gehäuses ersetzt einen Teil des Modulquerträgers und die Lenksäulenaufnahme, wobei diese im Versuchsträger noch tiefer platziert sein muss als in der Serie. Demzufolge ist das Lenkrad nicht mehr verstellbar und zu tief. Bereits Fahrer mittlerer Größe stoßen mit den Beinen ans Lenkrad, während zudem das Lenkrad die Sicht auf das Kombiinstrument im oberen Teil verdeckt. Das Kombiinstrument selbst verstärkte diese Verdeckung noch zusätzlich, da es stärker in Richtung Fahrer positioniert werden musste, um Bauraum für das HUD zu schaffen.

Da diese Gegebenheiten die meisten Fahrer erheblich einschränken, ist der Bauraum so zu verkleinern, dass das Kombiinstrument nicht versetzt werden muss und das Lenkrad mit dem vollen Verstellfeld eines Serienfahrzeugs eingebaut werden kann.

5.2 Möglichkeiten, das Package zu verkleinern

Das Package eines kHUDs bestimmt sich analog zu einem konventionellen HUD. Den größten Einfluss hat die Bildgröße, gefolgt von der Eyeboxgröße, sie bestimmen zusammen die Größe des Strahlenbündels und die Größe des ersten Spiegels (Abbildung 5.4). Ab hier kann das Package durch die Vergrößerung der Spiegel oder

anderer optischer Elemente beeinflusst werden, wobei das Ausmaß durch Fertigungs- und Montagetoleranzen begrenzt ist.
Die Einbauposition des HUDs ergibt sich wiederum aus der gewünschten Position des virtuellen Bildes und der Eyebox, deren Verbindung, die an der Scheibe gespiegelt wird, die Lage des ersten Spiegels bestimmt. Aus der Vergrößerung des virtuellen Bildes und/oder der Eyebox ergibt sich ein größerer erster Spiegel und somit ein größerer Bauraum.

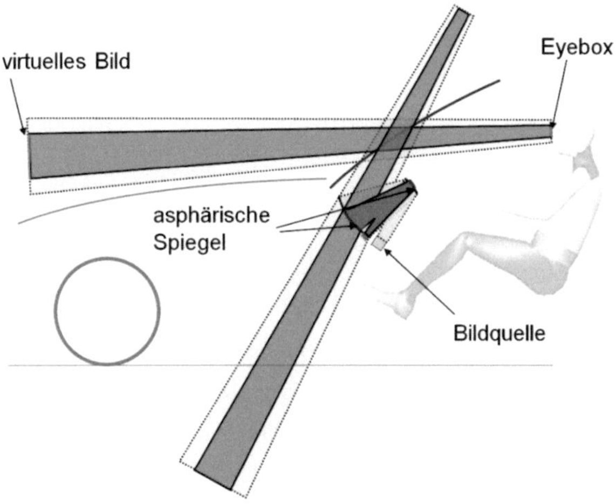

Abbildung 5.4: Veränderung des Strahlenbündels und somit des Bauraums bei unterschiedlicher Eyebox- und Bildgröße. Werden Eyebox und virtuelles Bild vergrößert, vergrößert sich auch das Strahlenbündel (hellblau), wodurch sich auch mindestens der erste Spiegel vergrößern muss.

Wie Abbildung 5.4 verdeutlicht ergibt sich der größte Teil des Bauraums aus der Größe der Eyebox und des virtuellen Bildes. Den weiteren Bauraum bestimmten dann ab dem ersten Spiegel Optimierung und Anordnung der optischen Elemente. Die Art der Bildquelle und ihre Beleuchtung legen den restlichen Teil des Bauraums fest. Ein Motor zur Spiegelverstellung und die Elektronik der Bildquelle können zwar ebenso optimiert werden, sind aber bei den meisten HUDs als annähernd gleich groß zu betrachten.

5.2.1 Anpassung der Eyebox an die Kopfbewegung

Die Eyebox kann als eine Art Schlüsselloch gesehen werden, durch welches der Fahrer das virtuelle Bild des HUDs sehen kann. Verlässt er diesen Bereich mit einem Auge, so nimmt er das Bild nur mit dem anderen Auge wahr, beim vollständigen

Verlassen ist das Bild nicht mehr sichtbar. Eine größere Eyebox ist somit für den Fahrer zwar komfortabler, erfordert aber einen größeren Bauraum.

Die Eyebox von Head-up Displays

Die Eyeboxgröße von HUDs, die sich derzeit in Serie befinden, liegt im Bereich vom 120–130 mm in der Breite und 50–60 mm in der Höhe [1]. Zur Höhe kommen noch ca. ±30 mm Verstellbereich hinzu. Eine Quelle, die das Zustandekommen dieser Größen beschreibt, ist nicht bekannt. Anzunehmen ist, dass diese aus der SAE J941 abgeleitet sind. Diese Norm der Society of Automotive Engineers beschreibt unter anderem eine Augellipse, die als Konstruktionsmittel zur Definition und Prüfung der Sichtverhältnisse des Fahrers auf Basis von statischen Fahreraugpunktlagen dient. Nimmt man die Größe der SAE Augellipse für das 95. Perzentil als Anhaltspunkt, so ergibt sich mit der doppelten Ellipsenbreite eine Eyeboxbreite von 120,4 mm und eine Höhe von 93,4 mm plus die Höhe des Sitzverstellfeldes.

Da die SAE Augellipse durch statisch im Fahrzeug sitzende Personen ermittelt wurde, ist diese zur Auslegung der Eyebox fragwürdig, da der Fahrer das HUD auch während der Fahrt üblichen Bewegungen sehen soll. Für eine sinnvolle Auslegung der Eyebox sind somit dynamische Augpunktlagen von Versuchspersonen zu verwenden, um die Eyebox besser an die Kopfbewegungen des Fahrers anpassen zu können.

Analyse von Fahrerkopfbewegungen während der Fahrt

Zur Verkleinerung bzw. Optimierung der Eyebox des HUDs müssen dynamische Augpunktlagen ermittelt werden, die eine Aussage über Größe und Form der Eyebox ermöglichen. Zu diesem Zweck erfolgte die Analyse der aufgezeichneten Augpunktlagen aus dem Versuch von Trefflich [24], der den Erfassungsbereich und die Genauigkeit kamerabasierter Fahrerbeobachtungssysteme untersuchte. Als Referenzsensor kam ein LaserBIRD II der Firma Ascension Technology Corporation zum Einsatz, der mithilfe eines Kamerasystems die Position der Nasenwurzel und die Kopfrotationen um diesen Punkt ermittelt. Der Sensor liefert diese Daten mit einer Frequenz von 100 Hz, aus diesen kann schließlich die Position der Nasenwurzel als eine Punktewolke im Raum abgebildet werden. Aufgezeichnet wurden die Daten von 35 Probanden im Alter von 23–44, davon 5 weiblich, 30 männlich, alle fuhren einen Stadt-, Land- und Autobahnabschnitt von insgesamt 60 km [24].

Die von Trefflich aufgezeichneten Rohdaten dienen zur Auslegung des statischen

Teils der Eyeboxgröße, d. h. derjenigen Ausmaße der Eyebox, die nicht in der Höhe verstellt werden. Die so ermittelte statische Eyebox entspricht dem möglichen Bewegungsraum des Fahrers, wenn dieser die Eyebox schon an seine Sitzposition angepasst hat. Für die nötige Höhenverstellbarkeit dienen die mit RAMSIS ermittelten Augpunkte als Basis.

Um den Bewegungsraum der Probanden miteinander vergleichen zu können, sind zuerst die unterschiedlichen Sitzpositionen der Probanden zu eliminieren. Hierfür werden die gemessenen Punkte jedes Probanden auf ein Koordinatensystem umgerechnet, das sich an dem Punkt mit der größten Häufigkeitsdichte der Probanden ausrichtet. Da sich die Testperson an diesem Punkt am häufigsten aufgehalten hat, gilt dieser als bewegungsneutral und dient als Bezugspunkt für den Vergleich der Kopfpositionen. Nach der Umrechnung der Koordinaten werden die Messdaten zusammengeführt, um so eine Häufigkeitsverteilung des Probandenkollektivs in der Ebene der Eyebox zu berechnen. Die Histogramme für die Y- und Z-Achse sowie ein zweidimensionales Histogramm der Eyeboxfläche ist im Anhang 11.1 abgebildet. Die Histogramme weisen 5-mm- bzw. 5x5-mm-Klassen aus, in denen die relative Häufigkeit gezählt wird. Die Abbildung des 2-D-Histogramms entspricht einem Blick aus der Fahrerposition durch die Eyebox, wobei die Y-Achse die Horizontale und die Z-Achse die Vertikale darstellt. Da die gemessenen Punkte der Position der Nasenwurzel entsprechen und nicht der Augen der Probanden, wird die Häufigkeitsverteilung im Nullpunkt getrennt und um das 50-%-Perzentil des Augenabstandes (65 mm [25]) auseinandergeschoben. Dies führt zwar zu Ungenauigkeiten gegenüber der wirklichen Position der Augen, ist aber für die Auslegung der Eyebox ausreichend genau. Abbildung 5.5 bildet das auseinandergeschobene Histogramm mit einem verblassten mittleren Bereich ab, der mit kopierten Daten gefüllt wurde, um die Anschaulichkeit zu verbessern. Das Bild soll der Auslegung einer binokularen Eyebox dienen. Das rote Rechteck repräsentiert eine Eyebox von 120x60 mm, die in diesem Bereich liegenden Klassen entsprechen einer Häufigkeit von 89,93 %. Das bedeutet, dass sich das Probandenkollektiv zu 89,93 % der Zeit mit beiden Augen in diesem Bereich befand. Diese Eyeboxgröße entspricht ungefähr dem heutigen Standard der Serien HUDs. Ausgehend von dieser Häufigkeit wurde die Eyebox in ihrer Form und Größe optimiert, um mit einer möglichst kleinen Eyeboxfläche eine hohe Abdeckung der Augpunkte zu erreichen. Das schwarze Achteck spiegelt eine Eyebox mit einer Größe von 125x45 mm wider. In dieser Eyebox befand sich das Probandenkollektiv während 87,63 % der Zeit, dies entspricht einem Verlust von 2,3 % der Zeit in der Eyebox bei einer 32 % kleineren Eyeboxfläche (72 cm² und 51,25 cm²).

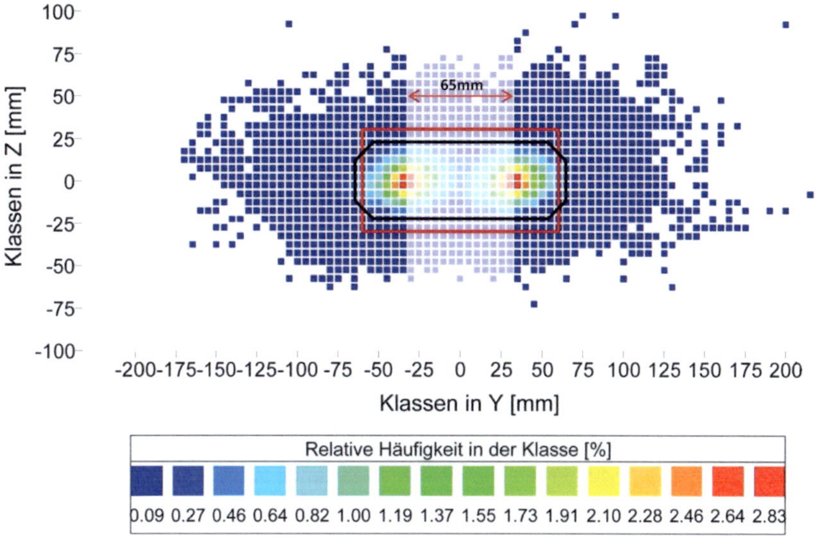

Abbildung 5.5: 2-D-Histogramm der Positionen des Mittenauges von 35 Probanden. Der verblasste Bereich wurde interpoliert, um die Verteilung der einzelnen Augen für eine Auslegung der Eyeboxgröße zu nutzen.

Diese mögliche Verkleinerung der Eyebox ist zwar erheblich, muss aber immer unter dem Gesichtspunkt des Fahrerkomforts betrachtet werden. Da gerade eine niedrige Eyebox ein häufigeres Verlassen nach oben oder unten bedeutet und dies mit beiden Augen geschieht, ist das Bild dann nicht mehr sichtbar. Beim Verlassen zur Seite hingegen bleibt erst noch das zweite Auge in der Eyebox und das Bild wird noch wahrgenommen, wenn auch mit Einschränkungen.

Die hier verwendeten Kopfpositionen wurden in einem Fahrzeug ohne HUD gemessen. Ob die Eyebox eines HUDs und somit die Sicht auf das virtuelle Bild die Kopfbewegungen beeinflusst, ist aus den Daten nicht zu ermitteln. So könnte sich der Fahrer beispielsweise in seiner Bewegung einschränken, um eine optimale Sicht zu erreichen. Auch der Einfluss der Fahrzeugklasse, in diesem Versuch handelte es sich um ein SUV, und der damit verbundenen typischen Sitzposition wäre von Interesse.

5.2.2 Anpassung der Bildgröße an die Anzeigeinhalte

Die Auslegung der Bildgröße eines kHUDs unterscheidet sich wesentlich von dem eines konventionellen HUDs. Letzteres verfügt über statisch ausgelegte Anzeigen, die sich demnach immer an der gleichen Position befinden. Die Menge der Anzeigen und ihre räumliche Ausdehnung bestimmen folglich die Bildgröße. Hierfür verwendete Schriftgrößen und Symbolgrößen sind durch entsprechende Normen beschrieben. Dennoch habe Studien gezeigt, dass Anzeigeinhalte situationsadaptiv wechseln können [26] und so z. B. die Anzeigefläche für die Navigation temporär für eine Menübedienung genutzt werden kann. Hierdurch sind beim konventionellen HUD maßgebliche Einsparungen im Bereich der Bildgröße möglich.

Im kHUD stehen die Anzeigen im Kontext zur Umwelt, weshalb diese, aus der Perspektive des Fahrers, für die Gestaltung der Anzeigen und somit auch der benötigten Bildgröße herangezogen werden müssen. In dieser Weiterentwicklung, die auf dem Konzept von Schneid aufbaut, ist die Position des virtuellen Bildes schon weitestgehend festgelegt. Das auf der eigenen Fahrspur liegende virtuelle Bild soll beibehalten und in Hinblick auf Erfolg versprechende Anzeigekonzepte optimiert werden.

Die geometrische Untersuchung für die benötigte Fläche der Anzeigen erfolgt in einem 3-D-Konstruktionsprogramm (CATIA V5), wofür ein Modell des Fahrzeugs und verschiedene Umweltmodelle geladen werden. Für die Beurteilung aus Fahrersicht wird eine virtuelle Kamera im Augpunkt des Fahrers positioniert und die Fläche des virtuellen Bildes geladen. Durch die Kamera kann so geprüft werden, ob das virtuelle Bild die Szene in gewünschter Weise überlagert. Am Beispiel einer Anzeige zur Markierung des erkannten ACC-Fahrzeugs wird das weitere Vorgehen erläutert: Die hierfür benötigten Modelle des Vorderfahrzeugs sind PKW, LKW und Motorräder. Als Fahrbahnmodelle sind Straßen mit verschiedenen Krümmungen und mehreren Spuren erforderlich. Zusammen mit einer Geometrie des Erfassungsbereichs des Radarsensors können auf diese Weise verschiedene Use Cases wie etwa die Fehlerkennung eines Fahrzeugs auf der Nachbarspur simuliert und der benötigte Anzeigebereich für den entsprechenden Use Case festgelegt werden.

Diese Schritte werden für alle Anzeigen wiederholt und die hierfür benötigten Anzeigebereiche zu einem Gesamtkonzept zusammengeführt. Die eigentliche Optimierung bzw. Verkleinerung der Bildgröße besteht darin, den Anzeigebereich möglichst in die Bildmitte zu verlagern, ohne die Wirkung der Anzeige zu verschlechtern. So kann mit einer kompakten Anzeige in der Bildmitte die Bildgröße an diesen Bereich angepasst werden. Ausgehend von Schneids Konzept zeigt Abbildung 5.6 eine optimierte Bildgröße für die Anzeigen ACC, Navigation, Sicherheitsabstand, Lane Departure Warning, Heading Control und Position auf der eigenen Spur für den einfachen Use Case ‚gerade Autobahn'. Der blaue Rahmen entspricht dabei dem Bildbereich von Schneid, der grüne wurde nach folgenden Kriterien angepasst:

- Symmetrisch zur Fahrbahn und nicht zum Fahrer, um Spurmarkierungen an beiden Seiten gleichmäßig anzeigen zu können.
- Beide Spurmarkierungen sollen ab 20 m Entfernung im Bild erscheinen, da LDW ab 70 km/h einsatzbereit ist und somit die Spuren mit einer Sekunde Vorwarnung angezeigt werden können.
- Selten benötigte Bildbereiche wurden entfernt: obere und untere Ecken mit Vorhalt von statischen Anzeigen wie Digitaltacho in der Bildmitte.

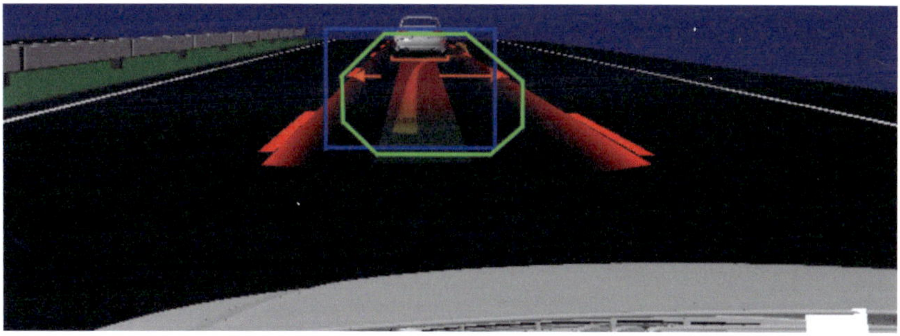

Abbildung 5.6: Bildgröße des kHUDs: Konzept nach Schneid (blau), neue, an die Anzeigekonzepte angepasste Bildgröße (grün)

Die Anpassung der Bildgröße an den Anzeigeinhalt ist hier durch die Vielzahl der zu berücksichtigenden Anzeigen nur sehr gering ausgefallen. Das zu entwickelnde HUD ist als Prototyp für kontaktanaloge Anzeigen gedacht, der diese Technologie im Fahrzeug veranschaulicht und experimentierbar macht. Auf diese Weise sollen für weitere Anzeigen viele Möglichkeiten offengehalten werden.

Die Entfernung der Ecken des virtuellen Bildes verhält sich ähnlich zur optimierten Eyebox, weshalb der Querschnitt des Pyramidenstumpfes zwischen Eyebox und virtuellem Bild klein gehalten werden kann. Daraus ergibt sich analog auch ein erster Spiegel mit abgeschnittenen Ecken, der den Bauraum in diesem Bereiche verkleinern kann.

5.2.3 Bildquelle

Im Vergleich zum Gesamtvolumen des HUDs ist der Bildgeber zwar verhältnismäßig klein, durch seine Lage an der Außenseite jedoch bestimmt er einen kritischen Teil des Bauraums.

Ein TFT-Display als Bildquelle besteht aus dem TFT selbst und einer LED-Hinterleuchtung. Im Gegensatz zu einem PC-Monitor muss diese Hinterleuchtung sehr hell sein, damit das virtuelle Bild noch ausreichend Helligkeitskontrast zur Umwelt bietet und auch bei Sonnenschein abgelesen werden kann. Hierfür ist eine Leuchtdichte von ca. 10.000 cd/m² im virtuellen Bild nötig. Auf der Bildquelle hingegen macht der große Verlust durch die Spiegelung an der Windschutzscheibe (ca. 85 %) und den anderen optischen Elementen eine Leuchtdichte von ca. 80.000 cd/m² erforderlich (vgl. PC-Monitor ca. 300 cd/m²). Um diese Leuchtdichten zu erzeugen, kommt ein LED-Array mit einem Linsenverbund zum Einsatz, der einen entsprechenden Bauraum beansprucht (Abbildung 5.7).

Die Bildquelle muss durch das liegende virtuelle Bild und die damit verbundene Scheimpflug-Bedingung in einem bestimmten Winkel zur optischen Achse angeordnet werden, wodurch ihre Position im HUD festgelegt ist (Abbildung 5.7, rechts). Platzsparender könnte hier ein Projektor sein, da er lediglich eine dünne Projektionsfläche benötigt. Durch die weitere Faltung des Strahlengangs kann Bauraum gespart werden, da sie mehr Freiheitsgrade in der Anordnung zulässt.

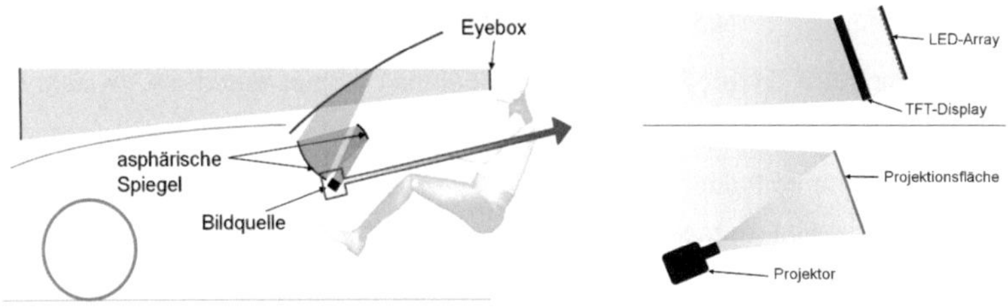

Abbildung 5.7 Bildquelle mit einem TFT-Display und einem LED-Array als Backlight (rechts oben) und mit einem Projektor (rechts unten)

Auch TFT-Displays sind feste Größen vorgegeben, an denen die sich die Vergrößerung der HUD-Optik orientieren muss. Eine Projektion erleichtert die Variation der Bildgröße und bietet so einen weiteren Freiheitsgrad bei der Optikauslegung.

5.3 Gesamtkonzept

Die in den vorigen Kapiteln beschriebenen Verbesserungsvorschläge und Möglichkeiten, das Package zu verkleinern, flossen alle in den Aufbau eines neuen Prototypen ein. Auf die Anwendung einiger beschriebener Methoden wird jedoch verzichtet, da sie eher im Detail optimieren und Einschränkungen in den möglichen Anzeigen mit sich bringen. Die folgende Vorstellung des Gesamtkonzepts soll die Komponenten und deren Aufbau beschreiben sowie die hierdurch entstandenen Verbesserungen erläutern. Alle beschriebenen Komponenten sind in Abbildung 5.8 dargestellt.

Der entwickelte Aufbau stellt keinen Prototyp für die Serienentwicklung dar, sondern einen möglichst modularen Experimentieraufbau. Es wurde hierbei für wichtig befunden, einzelne Komponenten später austauschen zu können, um die Analyse weiterer Technologien zu ermöglichen. Alle Komponenten sind mit der massiven Trägerplatte ähnlich einer optischen Bank eines Laboraufbaus verbunden, die der genauen Anordnung der optischen Elemente dient. Diese sind oberhalb und unterhalb der Trägerplatte angeordnet, wobei die Öffnung in der Platte als Blende dient. Das HUD verfügt über ein Kunststoffgehäuse bestehend aus einer Unter- und einer Oberschale. Beide werden an die Trägerplatte geschraubt und sollen das Eindringen von Staub verhindern. In der Oberschale befindet sich das Deckglas mit einer „Glaretrap"-Funktion, die verhindert, dass von oben einfallendes Licht zum Fahrer reflektiert wird, sondern stattdessen durch die Wölbung des Deckglases nach vorne. So wird das einfallende Licht auf einen kleinen Bereich der Windschutzscheibe reflektiert, auf der sich ein Absorber befindet (nicht abgebildet).

Die Optik besteht aus drei Asphären: einem Faltspiegel und einer Linse in W-Anordnung. Es handelt sich hierbei um eine Zwischenbildoptik, bei der ein reelles Zwischenbild erzeugt wird, das noch einmal vergrößert wird, um die entsprechende Vergrößerung zu erzielen. Weitere Vorteile bietet eine kleine zweite Asphäre, die Bauraum spart und das Bild gegenüber Kopfbewegungen innerhalb der Eyebox stabilisiert. Bei der Linse handelt es sich um eine Feldlinse aus dem Kunststoff Zeonor. Die Eyeboxverstellung erfolgt durch Drehen der ersten Asphäre. Die Drehachse liegt im oberen Bereich der ersten Asphäre, woraus sich eine Verschiebung des virtuellen Bildes ergibt. Die im vorigen Kapitel beschriebene Eyeboxverstellung, die eine Verschiebung des virtuellen Bildes weitestgehend vermeidet, konnte aufgrund des geringen zur Verfügung stehenden Bauraums nicht realisiert werden. Um diese Verschiebung des virtuellen Bildes auf der Fahrbahn später ausgleichen zu können, ist an diesem Spiegel ein Messarm angebracht, der die Position des Spiegels erfasst. So kann mittels Software die Superposition korrigiert werden, um wieder eine exakte Überlagerung zur Realität zu erzeugen.

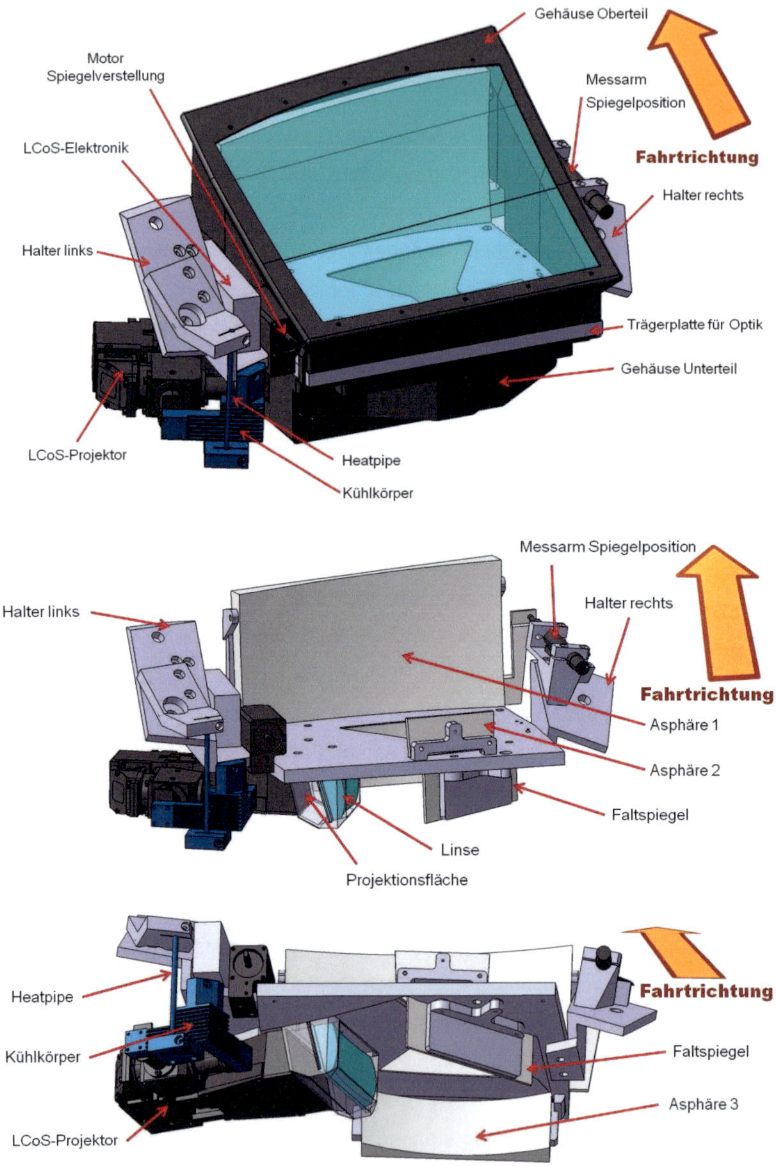

Abbildung 5.8: Aufbau des entwickelten kHUDs

Optik

Um die Projektionsfläche so abzubilden, dass das virtuelle Bild auf der Fahrbahn liegt und eine Wölbung bis zum Horizont aufweist, werden zwei optische Effekte eingesetzt. Zum einen die Scheimpflug-Bedingung, die fordert, dass sich Fokusebene, Linsenebene und die Ebene der Bildquelle in einer Geraden schneiden. So kann mit Neigung der Bildquelle hin zur optischen Achse das virtuelle Bild nach vorne auf die Fahrbahn gekippt werden. Zum anderen findet in Hinblick auf das gekrümmte Bild der Effekt der Bildfeldwölbung Berücksichtigung. Dieser Effekt stellt bei den meisten Objektiven einen unerwünschten Bildfehler dar und entsteht dadurch, dass die Lichtstrahlen, die weiter von der optischen Achse entfernt sind, einen kürzeren Fokuspunkt haben. Das Linsendesign erzeugt diesen Effekt, der seinerseits dafür sorgt, dass sich das virtuelle Bild von der Fahrbahnoberfläche hoch bis zum Horizont wölbt (vgl. Kapitel 4.1.1.).

Als Bildquelle fungiert ein LCoS-Projektor (**L**iquide **C**ristal **o**n **S**ilicon), der ein sehr helles und kontrastreiches Bild liefert. Das Display im Projektor ist reflexiv und besteht aus Flüssigkristallen auf einer reflektierenden Aluminiumschicht. Es wird mit polarisiertem Licht angestrahlt und durch die Ansteuerung reflektiert jeder einzelne Pixel das Licht in der gewünschten Helligkeit. Für ein Farbbild wird das Display abwechselnd mit rotem, grünem und blauem Licht angestrahlt. Der Vorteil des LCoS besteht in dem hohen Füllfaktor des Displays (ca. 90 %), der dem Display eine hohe optische Wirksamkeit und Auflösung verschafft, obwohl es gleichzeitig sehr klein ist. Dieser hohe Füllfaktor, also das Verhältnis der optisch wirksamen Pixelfläche zur Gesamtfläche des Displays, wird erreicht, indem die Pixel von hinten angesteuert werden können, da das Licht nicht durch das Display hindurchscheinen muss. Somit bietet der LCoS-Projektor bei sehr kleinem Bauraum eine hohe Auflösung, einen hohen Kontrast und einen hohe optische Wirksamkeit. Der Nachteil dieser Technik liegt in der Drehung der Polarisationsrichtung durch die Reflexion im LCoS, die dann nicht mehr der Richtung für eine optimale Reflexion an der Windschutzscheibe entspricht. Somit ist das Licht nach dem Projektor noch in seiner Polarisationsrichtung zu drehen, um s-polarisiertes Licht zu erhalten, das an der Windschutzscheibe stärker reflektieren werden kann.

Als Projektionsfläche dient ein holografischer Diffusor, der mit seinem Öffnungswinkel für eine homogene Leuchtdichte des Bildes sorgt. Der hier entwickelte Prototyp eines solchen Projektors ist in seinen Abmessungen noch wesentlich größer als in Serie gefertigte, die eine Größe von ca. 11 cm³ erreichen [27]. Darüber hinaus wurde hier Rückprojektion eingesetzt, um die Bildquelle leichter tauschen und dadurch mit diesem Aufbau auch andere Technologien untersuchen zu können. Die Kühlung des Projektors erfolgt mithilfe eines Kühlkörpers an den Dioden und einer Heatpipe, welche die Wärme an den Halter des HUDs und somit an die Fahrzeugstruktur weiterleitet.

Die durchgeführten Verbesserungen führen zu einem um 53 % verkleinerten Bauraum bei besserer Bildqualität. Die technischen Daten des neuen verbesserten Prototypen sind in Tabelle 5.1 aufgeführt.

Tabelle 5.1: Technische Daten des alten und neuen Prototyps

kHUD	**neu**	**alt**
Bauraum	5,6 l	12 l
Bildgröße:	7,4°×4,9°	7°×4,8°
Bilddistanz:	10-35 m	10-35 m
Helligkeit im virtuellen Bild:	ca. 13.000 cd/m²	ca. 7.000 cd/m²
Eyeboxgröße:	125×45 mm ± 30 mm	120×60 mm ± 20 mm
Display-Typ:	LCoS	TFT
Display-Auflösung:	1280x720 px[1]	480x240 px[1]
Displaygröße:	57×32 mm	50×26 mm
Vergrößerung:	21-80	25-85

[1] wird nicht vollständig genutzt

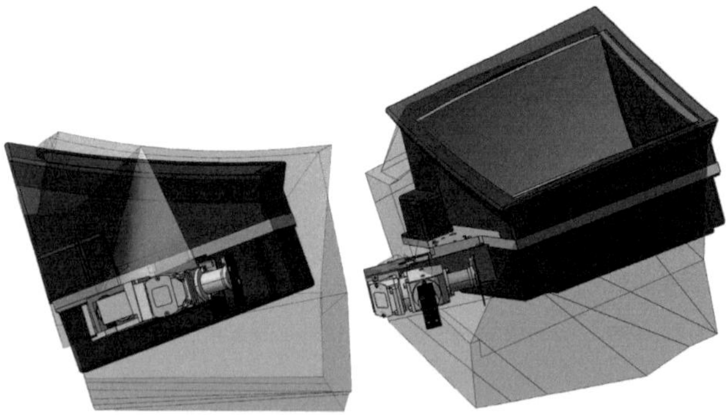

Abbildung 5.9: Größenvergleich der alten (grau) und neuen (farbig) Head-up Displays in seitlicher und isometrischer Darstellung

5.4 Software

Da die verschiedensten Programme zur Entwicklung kontaktanaloger Anzeigen zum Einsatz kommen können, werden hier nur die relevanten Funktionen beschrieben. Die Beschreibungen der in dieser Arbeit verwendeten Programme finden sich bei den jeweiligen Versuchsaufbauten. Sie dienen als Beispiele und wurden aufgrund spezieller Rahmenbedingungen eingesetzt.

Die Grundfunktion der Software lässt sich knapp zusammenfassen als ein Einlesen von Signalen, Berechnen von Grafiken hieraus und Anzeigen dieser Grafiken. Bei den Signalen, die eingelesen werden, handelt es sich um Sensordaten der erkannten Umwelt des Fahrzeugs oder aus dem Fahrsimulator generierte Umweltdaten. Aus diesen Angaben werden die für das Erzeugen der Anzeige relevanten Daten herausgefiltert und weiterbearbeitet. Ein Algorithmus errechnet Größe, Position sowie Aussehen der Anzeige und erzeugt daraus ein Bild, das schließlich im HUD angezeigt wird.

In Kapitel 4.3.1 wurde als Bedingung für eine gute kontaktanaloge Anzeige unter anderem die Forderung nach der Superposition und Erfüllung der monokularen, statischen Tiefenkriterien gestellt. Hieraus lassen sich folgende Kriterien ableiten:

Zeitliche Verzögerung

Die zeitliche Verzögerung vom Erkennen des Sensors bis zur Anzeige auf dem HUD darf nur gering ausfallen, da die Anzeigen der Realität sonst nachlaufen. Bis zum Einlesen am PC können die Daten in der Regel nicht beeinflusst werden. Die Verzögerung, mit der sie den PC erreichen, hängt vom Sensor und der Priorität der Botschaft im CAN-Bus ab. Der Sensor weist eine gewisse Verzögerung auf, da er aus den gemessenen Rohdaten einen Wert herausfiltern muss, den er als Botschaft verschickt. Diese ist mit einer Priorität versehen, die wiederum von der Wichtigkeit der Botschaft abhängt. So sind z. B. Daten für das ESP-Steuergerät wichtiger als ein Knopfdruck an der Klimaanlage. Darüber hinaus liefern einige Sensoren Informationen bzgl. des Alters ihrer Botschaften mit, außer dieses ist konstant und bekannt. Daraus kann bei einem gleichförmigen Signal ein aktueller oder zukünftiger Wert extrapoliert werden, um der zeitlichen Verzögerung entgegenzuwirken.

Superposition

Neben der zeitlichen Verzögerung ist es für eine Superposition wichtig, die Abbildungsmatrix für das computergenerierte Bild auf die Realität definieren zu können.

Vereinfacht dargestellt handelt es sich bei dieser Matrix um eine mathematische Beschreibung, die eine Abbildung von einem Koordinatensystem in ein anderes ermöglicht. Mit anderen Worten: Die Abbildungsmatrix repräsentiert die Summe der Einzeloperationen Drehen, Verschieben, Skalieren, Verzerren, welche die verwendete Software demnach beherrschen sollte.

Ein Signalfluss erklärt diese Operationen (vgl. Abbildung 5.10): Ein Radarsensor erkennt durch die gemessenen reflektierten Signale ein Objekt (1). Von diesem sind der Radarreflexionspunkt, als Winkel im Sensorkoordinatensystem, und die Signallaufzeit bekannt. Hieraus errechnet der Sensor bereits die Position dieses Punktes in X und Y des Sensorkoordinatensystems (2). Diese Position wird über den CAN-Bus des Fahrzeugs verschickt und vom PC empfangen.

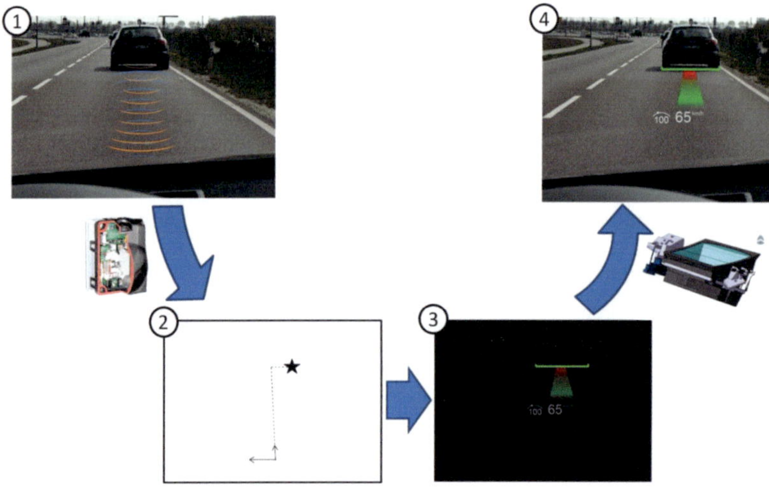

Abbildung 5.10: Signalverarbeitung für die Superposition der Anzeige: Detektion im Radarsensor (1), Koordinatentransformation (2), Zeichnen der Anzeige auf den Koordinaten (3) und Überlagerung der Anzeige auf die Realität

Der PC kennt die Position des Sensors und transformiert den Punkt in sein eigenes Koordinatensystem, in das er auch die Daten anderer Sensoren transformiert. Auf den Punkt kann nun eine Markierung gezeichnet werden (3), z. B. eine grüne Klammer. Soll diese Markierung nun in der Realität angezeigt werden, ist sie in das Displaykoordinatensystem des HUDs zu transformieren, um auf dem Display an der richtigen Position angezeigt werden zu können. Die Optik des HUDs bildet den Punkt auf dem Display wieder als Punkt auf dem virtuellen Bild ab, der dann mit der Realität überlagert ist (4).

Monokulare Tiefenkriterien

Die monokularen Tiefenkriterien wie Perspektive, Verdeckung, bekannte Größe und weitere sind am einfachsten durch die 3-D-Computergrafik zu erzeugen. Verdeckungen werden automatisch berechnet, Perspektive und Texturen lassen sich anpassen. Sämtliche durch die Sensorik des Fahrzeugs erfassten Objekte können in einem gemeinsamen 3-D-Raum dargestellt und auf ihren Positionen Anzeigen gezeichnet werden. Auf diese Weise gibt dieser Raum die bekannte Umgebung des Fahrzeugs wieder. Um aus diesem 3-D-Raum die Anzeige für das HUD zu generieren, kommt eine virtuelle Kamera zum Einsatz, die dem Öffnungswinkel des HUDs entspricht. Die Position dieser Kamera liegt in der Mitte der Eyebox mit der Blickrichtung zum virtuellen Bild.

Dieses Verfahren bietet viele Vorteile, da die virtuelle Kamera einer Abbildungsmatrix vom 3-D-Raum auf das HUD entspricht. Werden die Kameraeinstellungen einmal vom 3-D-Raum über das virtuelle Bild auf die Realität kalibriert, muss im 3-D-Modell nur noch in den Koordinaten der Realität gearbeitet werden. Die monokularen Tiefenkriterien erzeugt die virtuelle Kamera, die Entfernung in der Realität für die binokularen Tiefenkriterien das liegende virtuelle Bild.

Rapid Prototyping

Bei der Auswahl der Software ist zudem auf ein schnelles, einfaches Entwickeln und Anpassen der Anzeigen sowie eine Simulation des Fahrzeugs und der Umgebung zu achten. Können Grafiken oder Modelle der Anzeige schnell und einfach erstellt und geändert werden, lässt sich in der Konzeptphase viel Zeit sparen. Dieser Faktor ist abhängig von der verwendeten Software, dem Aufbau der Anzeige und den Erfahrungen des Nutzers.

Aufgrund des Umstandes, dass die kontaktanalogen Anzeigen immer im Kontext der vom Fahrzeug erkannten Umgebung stehen, ergibt sich ein hoher Erprobungsaufwand, da die Anzeigen demnach immer im Fahrzeug und der entsprechenden Situation gefahren werden müssten. Um diesen Aufwand zu reduzieren, bestehen verschiedene Möglichkeiten zur Simulation des Fahrzeugs, der Umwelt und des HUDs. Die Simulation der Anzeigen kann auf verschiedene Weise erfolgen, zum einen durch eine Simulation des Fahrzeugs mithilfe einer Restbussimulation. Dabei wird das restliche Fahrzeug um das HUD herum simuliert, wodurch verschiedene Fahrzeugzustände angezeigt werden können. Zum anderen ist es möglich, das Fahrzeug und die Umgebung zu simulieren. Dabei werden die Anzeigen einem aufgezeichneten

Video überlagert, falls Video und Fahrzeugdaten vorher zeitsynchron aufgezeichnet wurden (Abbildung 5.11). Die Anzeigen werden nun auf das Video kalibriert, während für die Anzeigengenerierung die aufgezeichneten Fahrzeugdaten Verwendung finden. So ist es möglich, die Anzeigen in bestimmten Fahrsituationen am PC zu beurteilen.

Abbildung 5.11: Simulation kontaktanaloger Anzeigen mithilfe von Videooverlay. Links: Räumliche Darstellung der virtuellen Kamera, des Pfeiles und des Videos als Textur. Rechts: Von der virtuellen Kamera erzeugtes Bild mit korrekter Überlagerung des Pfeils mit dem Video.

Eine weitere Möglichkeit besteht in der Einbindung der Anzeige in einen Fahrsimulator, der die Fahrzeugdaten liefert. Die Anzeige wird dem Bild des Fahrsimulators überlagert, wodurch Anzeigen interaktiv getestet werden können. Mit diesen Simulationen können die Anzeigen nicht nur schnell entwickelt und beurteilt werden, zudem sind Usability-Untersuchungen möglich.

Kalibrierung der Anzeigen

Die hier häufig erwähnte Kalibrierung der Anzeige entspricht der Festlegung der Abbildungsmatrix. Die im Fahrzeug verbauten Sensoren werden durch eigene Verfahren kalibriert, sodass erkannte Objekte bereits in einem bekannten Koordinatensystem vorliegen. Demzufolge ist das Koordinatensystem der Anzeigen wieder auf die Realität zu kalibrieren, was theoretisch durch die Programmierung der bekannten Abbildungsmatrix geschehen kann. Die in dieser Arbeit verwendeten HUDs entsprechen aber prototypischen Aufbauten mit entsprechenden Toleranzen innerhalb der HUDs und zwischen HUD und Fahrzeug. Aus diesem Grund erfolgt die Kalibrierung der Anzeigen durch Aufstellen entsprechender Prüfkörper in bekannten Positionen zum Fahrzeugkoordinatensystem.

Abbildung 5.12: Kalibrierung kontaktanaloger Anzeigen durch Prüfkörper (links), Kalibrierung einer Fahrzeugkamera mit einer Prüftafel (rechts) (Quelle rechtes Bild: www.bosch.de)

Die Positionen dieser Prüfkörper können in der Anzeige markiert werden und gegebenenfalls die Anzeigeneinstellungen angepasst werden (Abbildung 5.12). Eine solche Kalibrierung könnte bei einem serienmäßigen HUD auch durch eine Tafel mit Schachbrettmuster erfolgen. Dieses Verfahren wird bereits zum Kalibrieren der Kamera für Fahrerassistenzsysteme in Werkstätten eingesetzt, indem eine Tafel zur Spur des Fahrzeugs ausgerichtet wird (Abbildung 5.12). Die Kamera erkennt nun Punkte auf dieser Tafel und kann ihre eigene Verbaulage durch Triangulation bestimmen. In einem HUD könnten so Anzeigen den Punkten auf der Prüftafel überlagert werden, während eine Kamera im Augpunkt die korrekte Überlagerung überprüft.

6 Kontaktanaloge Anzeigen

Losgelöst von der technischen Realisierung folgt an dieser Stelle eine Beschreibung der Anzeigen an sich. Eine Recherche zum Stand der Technik zeigt bisherige Konzepte, Ideen und dazu vorhandene Untersuchungen.
Daran schließt sich die Darstellung der selbst entwickelten und für die Versuche entworfenen Anzeigen sowie des Vorgehens und der Gestaltung kontaktanaloger Anzeigen an. Abschließend gibt das Kapitel Auskunft über die iterativen Verbesserungen nach Versuch und Praxiserfahrung.

6.1 Stand der Technik

Dieses Kapitel gibt einen Überblick über bisher entwickelte und umgesetzte kontaktanaloge Anzeigen, die anhand der Use Cases und dazugehörigen Untersuchungen vorgestellt werden. Der technischen Realisierung der verwendeten HUDs widmet sich Kapitel 4.3.

6.1.1 Dynamische Länge des Fahrzeugs

Die kontaktanaloge Anzeige der dynamischen Länge eines Fahrzeugs wie des Bremsweges und des Sicherheitsabstandes geht aus den Untersuchungen von Bubb [22] zur optimalen Anzeige des Bremsweges hervor. Aufgrund eines Mangels an tauglichen Anzeigen entwickelte er nach Untersuchung verschiedener Anzeigen zur Darstellung des Bremsweges im Fahrzeug das kHUD. Die Anzeige des Abstandes erfolgte hierbei mittels eines Querbalkens auf der Fahrbahn, der je nach Einstellung den Bremsweg oder den Sicherheitsabstand anzeigt. Aus dieser Anzeige entstand ebenfalls eine Balkenanzeige, die den dynamischen Überholweg darstellt [6]. Hierzu berechnete Bubb aus Parametern wie Geschwindigkeit, Sicherheitsabstand, max. Beschleunigung des eigenen Fahrzeugs und angenommene Geschwindigkeit des entgegenkommenden Fahrzeugs den Überholweg. Dieser kann am Lenkstockhebel umgeschaltet werden, sodass von der Anzeige des Sicherheitsabstandes auf die Anzeige des Überholweges geschaltet werden kann.
Die Anzeige des Sicherheitsabstandes wurde noch um die Querbeschleunigung des Fahrzeugs ergänzt, indem der Balken für den Sicherheitsabstand in Anhängigkeit der Querbeschleunigung seitlich bewegt wird. Beim Überschreiten von 60 % der maximalen Querbeschleunigung erscheint zusätzlich eine Warnmarkierung für die maximal mögliche Querbeschleunigung.

Lange [28] änderte diese Anzeige dahingehend ab, dass die Querabweichung des Balkens nicht durch die Querbeschleunigung entsteht, sondern durch den momentanen Kurs des Fahrzeugs errechnet wird. So kann der Balken anzeigen, wo sich das Fahrzeug z. B. in einer Sekunde befindet, wenn der Kurs beibehalten wird. Diese Anzeige soll eine haptische Anzeige der Spurverlassenswarnung optisch unterstützen (Abbildung 6.1). Schneidet der Balken die Spurmarkierung, erscheint zusätzlich ein rotes Dreieck am Balken, welches das Verlassen der eigenen Spur bei dem aktuellen Kurs symbolisiert.

Abbildung 6.1: Kontaktanaloge optische Querführungsassistenz mit einem Balken, der den Kurs des Fahrzeugs veranschaulicht, und einem roten Dreieck für die Spurverlassenswarnung [28].

6.1.2 Navigation

Bubb und Bolte [6] verwenden eine Navigationsanzeige in Form eines auf der Fahrbahn stehenden Pfeiles. Der Pfeil steht hierbei je nach Abbiegerichtung an der linken bzw. rechten Straßenseite und soll die Navigationsaufgabe durch die einfache Regel „immer dem Pfeil folgen" vereinfachen. Aufgrund der damals zur Verfügung stehenden Navigationsrechner ist diese Anzeige lediglich ein Vorschlag geblieben, führte aber bereits die Potenziale der kontaktanalogen Anzeige vor Augen.

Das von Virtual Cable™ [21] eingesetzte Anzeigekonzept basiert im Wesentlichen auf einem über der Straße verlaufenden Pfad, der die Navigationsstrecke abbildet. Dieser Pfad wirkt, wie der Name schon sagt, wie ein Kabel einer Straßenbahn. Die Darstellung als dünner Strich ist größtenteils technisch bedingt (vgl. Kapitel 4.3.4), da das Bild mit einem Laserpunkt gezeichnet wird. Als Vorteil dieses Konzeptes wird eine minimale Verdeckung angegeben. Zusätzlich können durch Markierungen auf der Linie Relativgeschwindigkeiten, z. B. zur vorgegebenen Geschwindigkeit oder zur

Geschwindigkeit des Tempomaten, angezeigt werden. Dadurch kommen diese Markierungen auf den Fahrer selbst zu, wenn seine Geschwindigkeit höher ist als eine Vergleichsgeschwindigkeit.

Abbildung 6.2: Darstellung des Navigationspfades über der Fahrbahn im Virtual Cable™ [21]

Auch wenn die nur geringe Verdeckung aufgrund des über der Fahrbahn schwebenden Pfades einen großen Vorteil bietet, liegt darin gleichzeitig die Ungenauigkeit dieser Anzeige begründet, denn schließlich muss der Fahrer den angezeigten Pfad auf die Straße projizieren. Dies ist dem Fahrer aber nur mithilfe des bekannten Abstandes von Pfad zu Fahrbahn möglich, alle anderen monokularen Tiefenkriterien sind hier aufgrund der Art der Anzeige nutzlos. Da in größerer Entfernung auch kaum binokulare Tiefenkriterien wirken, wird der Fahrer wohl gezwungen sein, den Pfad mit den zur Verfügung stehenden Straßenverläufen zu vergleichen. Hieraus kann nicht nur eine mentale Belastung für den Fahrer entstehen, auch die Genauigkeit der Anzeige nimmt hierdurch ab. Untersuchungen zu diesem Anzeigekonzept wurden bisher nicht veröffentlicht.

Ein weiteres Konzept, das T-NASA-System [29], stammt zwar aus dem Luftfahrtbereich, liefert aber interessante Ergebnisse zur kontaktanalogen Navigation. Entwickelt wurde ein kHUD mit dem Ziel, den Piloten nach der Landung zu unterstützen, über den Taxiway zu navigieren und seine Parkposition zu finden. Da das System auf schlechte Sichtbedingungen ausgelegt ist, unterstützen einige eingeblendete Elemente der künstlichen Sicht die Navigation. Dazu zählen zum einen die Fahrbahnmarkierungen, die Namen der Taxiways und auch markante Gebäude des Flughafens. Die eigentliche Navigation erfolgt über die Markierung der Fahrbahnmitte durch

Punkte und der Fahrbahnbegrenzung mit Pyramiden. Zusätzlich stehen an Abzweigungen Schilder mit Pfeilen, die den Weg weisen. Haben kreuzende Flugzeuge Vorfahrt, werden Haltelinien mit einem Stoppschild eingeblendet. Im Rahmen einer Untersuchung mit erfahrenen Piloten [29] wurde das System im Vergleich zu der bestehenden Navigation mit Papierkarten und gegen eine Electronic Moving Map (EMM, ähnlich der kartenbasierten KFZ-Navigation) getestet. Aus den Ergebnissen soll hier beispielhaft die Navigationsfehlerrate genannt werden: Mit der Papierkarte beträgt diese 22 % (!), die EMM senkte diese auf 13 %, während unter Verwendung von EMM+kHUD keine Fehler festgestellt wurden. Dieses Ergebnis soll die Potenziale dieser Technik zeigen, wobei die Situationen auf dem Taxiway natürlich nicht unmittelbar mit denjenigen im Straßenverkehr verglichen werden können.

Abbildung 6.3: Kontaktanaloges Head-up Display im T-NASA-System, das den Weg über den Taxiway darstellt [29].

Sato und Kollegen [30] verwenden für die Navigationsdarstellung Schilder und Himmelsrichtungen, die am Straßenrand platziert werden. Dieser Ort wurde gewählt, um keine Verdeckungen zu erzeugen. Aus diesem Grund schweben die Schilder auch etwas über dem Boden, um selbst den Straßenrand nicht zu verdecken. Untersuchungen zu diesem Anzeigekonzept sind nicht bekannt.

Schaer und Thum [31] fassen die gängigen Verfahren zur Wegfindung des Menschen zusammen und stellen sie anhand von Beispielen aus der virtuellen und erweiterten Realität vor. Die Aufteilung dieser Visualisierungsmöglichkeiten erfolgt nach der exozentrischen Kartendarstellung und den egozentrischen Markierungen in der Welt. Für eine kontaktanaloge Navigationsdarstellung im HUD kann hiervon nur die egozentrische Kategorie verwendet werden. Diese gliedert sich in globale Landmarken, lokale Landmarken, Pfeile, Spuren und Pfade. Globale Landmarken sind weltfixe Punkte wie etwa Sonnenstand, Berge und Kirchtürme. Lokale Landmarken repräsentieren Schilder oder markante Gebäude, sie fanden auch bereits im oben dargestellten T-NASA-System Verwendung. Pfeile sind Einzelobjekte, die in eine Richtung weisen und imperativ die Wegänderung zeigen. Spuren markieren den eigenen, bereits zurückgelegten Weg, metaphorisch ausgedrückt entsprechen sie den von Hänsel und Gretel verstreuten Brotkrumen. Sie werden hauptsächlich bei Suchaufgaben in Computerspielen oder in der Gebäudenavigation eingesetzt. Spuren können aber auch von sogenannten Avataren hinterlassen worden sein, die den Weg weisen sollen, ähnlich einem virtuellen Vorderfahrzeug, das die zu fahrende Strecke richtig vorfährt. Diese Art von Spuren geht direkt über in die Pfandanzeige, die den anstehenden Weg hervorhebt. Sie unterscheidet sich von den anderen Darstellungen durch einen kontinuierlichen Charakter.

6.1.3 Künstliche Sicht

Das oben beschriebene T-NASA-System, das die künstliche Sicht zur Verbesserung der Navigation einsetzt, geht davon aus, dass der Pilot die Situation bereits kennt. Das Markieren der Fahrbahnen und markanter Gebäude beispielsweise hilft selbstverständlich nur, wenn der Pilot den Flughafen schon aus besseren Sichtbedingungen kennt. Die eingezeichnete Spurmitte sowie die künstlichen Schilder und Haltemarken wiederum ermöglichen eine Navigation auch ohne Kenntnis der Umgebung.
An der University of Minnesota wurde ein kHUD für die künstliche Sicht entwickelt [32] [33].

Abbildung 6.4: Künstliche Sicht im Head-up Display einer Schneefräse [32]

Als Use Case diente die Verbesserung von Schneepflügen, die in der Lage sein sollen, stark verschneite Straßen auch unter sehr schlechten Sichtbedingungen zu finden und zu räumen. Ein Schneepflug wurde hierfür mit DGPS, einem hochgenauen GPS und speziell aufgezeichneten Straßenkarten ausgerüstet. Dadurch konnten die einzelnen Spuren und die eigene Position in der Spur angezeigt werden (Abbildung 6.4). Der Fahrer kann somit auch auf einer gleichmäßigen Schneefläche die darunterliegende Fahrbahn erkennen und exakt freiräumen. Radar-Sensoren kamen ebenfalls zum Einsatz, um Fahrzeuge im Schnee zu erkennen sowie zu markieren und eine Kollision zu vermeiden.

6.1.4 Virtuelle Markierungen

Kontaktanaloge Markierungen dienen als Hinweis oder Warnung vor nicht sichtbaren Objekten und solchen, die aus der Situation heraus als scheinbar übersehen kategorisiert wurden. Die Markierung in der Realität bietet den Vorteil der direkten Aufmerksamkeitssteuerung auf das Objekt hin, sodass der Fahrer die Situation ohne weitere Blicke abschätzen kann. Bei unklaren Situationen besteht die Möglichkeit, die Markierung durch eine Empfehlung zu ergänzen (z. B. Ausweichempfehlung s. u.).

Das kHUD von Bergmeier, in Kapitel 4.3.3 technisch erläutert, dient ausschließlich dem Markieren von Objekten, die von einer Nachtsichtkamera detektiert wurden. Er verwendet hierfür ein rotes Rechteck, das die erkannte Person umschließt. Dieses Rechteck wird angezeigt, bis die Person in die Reichweite des Abblendlichtes gelangt und somit sichtbar wird. Diese direkte Markierung von Personen am Fahrbahnrand erfordert allerdings ein HUD mit einem sehr großen Öffnungswinkel. Bergmeier verglich in einem Feldversuch die kontaktanaloge Anzeige mit mehreren anderen Varianten im Mitteldisplay und HUD. Hierbei zeigte sich, dass die Personen ca. 10 m früher erkannt wurden als in der Baseline Fahrt und die Wahrnehmungszeit, die Zeit von der Warnung bis zu ihrer Fixation, im Mittel 0,3 s schneller war als im HUD, bei dem sie 0,64 s beanspruchte.

Weiter entwarf und untersuchte Plavšic [34] Anzeigen für einen Kreuzungsassistenten, wobei neben kontaktanalogen Anzeigen auch konventionelle HUD-Anzeigen entwickelt wurden. Sie dienen dem Markieren nicht sichtbarer Objekte, die entweder verdeckt sind oder außerhalb des Blickfeldes liegen. In einem Vorversuch wurden aus neun entworfenen oder bekannten Anzeigen vier für den eigentlichen Versuch ermittelt. Es handelte sich dabei um zwei konventionelle Anzeigen und zwei kontaktanaloge Anzeigen (Abbildung 6.5).

Am Versuch, der im statischen Fahrsimulator des Lehrstuhls für Ergonomie der TUM stattfand, nahmen 24 Probanden teil, die alle Anzeigen beurteilten, welche direkt in der Simulation erzeugt wurden. Bei den kontaktanalogen Darstellungen handelte es sich um eine Markierung des verdeckten Fahrzeugs mit einem offenen Rahmen, einer sogenannten Bounding Box. Diese wird in einer Breite dargestellt, die das Erkennen der Box auch beispielsweise hinter einem LKW ermöglicht. Das andere kontaktanaloge Konzept besteht aus einem Icon mit einem Pfeil, der auf das verdeckte Fahrzeug zeigt. Die konventionellen Anzeigen bestehen zum einen aus Piktogrammen, zum anderen aus einer Birdview-Anzeige mit der Ansicht der Gefahrensituation von oben.

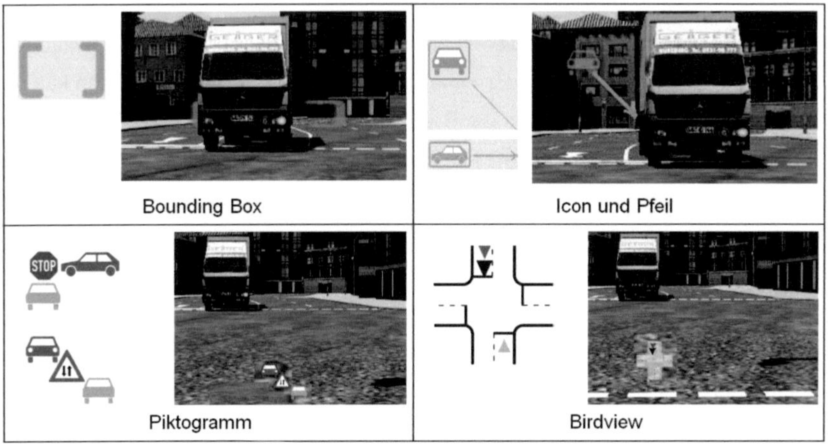

Abbildung 6.5: Darstellung der kontaktanalogen Konzepte „Bounding Box", „Icon und Pfeil" und der nicht kontaktanalogen Konzepte „Piktogramm" und „Birdview" aus dem Versuch von Plavšic [34]

Der Versuch zeigt, dass der Workload (NASA OWI) bei allen Anzeigen signifikant niedriger ist als die Baseline ohne Anzeige, die einzelnen Anzeigen sich aber nicht signifikant unterscheiden. Tendenziell schneiden Birdview-Anzeige und kontaktanaloge Anzeige mit Icon und Pfeil am besten ab. Dieses Ergebnis zeigt sich auch bei der Bewertung, ob die Situation korrekt erkannt wurde, bei der Bewertung der Attraktivität der Anzeige und der Anzahl der entstandenen Unfälle. Interessant ist hier auch das sehr schlechte Abschneiden der Bounding-Box-Anzeige, besonders bei den entstandenen Unfällen, da sie sich bei der Markierung sichtbarer Objekte bereits bewährt hatte. Sie wurden von Bergmeier [20] zur Personenerkennung bei Nacht eingesetzt, kommen häufig in Flugzeug-Head-up-Displays und zur Objektmarkierung in Video-Overlays zum Einsatz. Erstaunlich ist, wie dieser Versuch zeigt, dass diese Funktionen nicht auf verdeckte Objekte übertragen werden können. Einen möglichen Grund könnte die Fehlinterpretation darstellen, ob das verdeckende Objekt markiert wird oder ob sich noch ein Objekt dahinter befindet (vgl. Abbildung 6.5). Auch scheint die Bounding Box in der Luft zu schweben, was eine räumliche Zuordnung zu möglichen Objekten erschwert. Hier könnte eine Bounding Box, die auf der Fahrbahn liegt und so die räumliche Zuordnung erleichtert, Abhilfe schaffen.

6.2 Anzeigekonzepte

Kontaktanaloge Anzeigen können in zeitdiskrete Hinweise/Warnungen und kontinuierliche Anzeigen von Regelungssystemen differenziert werden und unterscheiden sich demzufolge auch in ihrer Gestaltung.

Hinweise und Warnungen treten in bestimmten Situationen auf und weisen den Fahrer ausdrücklich auf etwas hin. Das können für den Fahrer schwer schätzbare dynamische Werte sein, wie etwa der Sicherheitsabstand, oder Situationen, die zwar der Fahrer nicht wahrnahmen kann, aber dafür das Fahrzeug durch seine Sensorik, wie beispielsweise Fußgängererkennung mit Night Vision, aber auch Situationen, die der Fahrer potenziell übersehen hat, wie z. B. eine Kollisionswarnung. Diese Warnungen nutzen die Kontaktanalogie, um am richtigen Ort zu warnen und Aufmerksamkeit dorthin zu lenken. Sie unterscheiden sich durch ihre Form, ihr Verhalten und ihre Farbe deutlich von der Umwelt, um als Stimulus wahrgenommen zu werden.

Kontinuierliche Anzeigen bilden einen dauernden Zustand ab und tragen einen informierenden Charakter. Sie wollen die Aufmerksamkeit nicht auf die Anzeige lenken, die der Fahrer vielmehr bei Bedarf benutzen kann. Beispiele hierfür sind das Markieren des erkannten Vorderfahrzeugs bei Benutzung des ACC oder auch die dauerhafte Anzeige des Sicherheitsabstandes ebenso wie ein Navigationspfad auf der Fahrbahn. Sie sollen, wie die Warnungen auch, am richtigen Ort erscheinen, aber um nicht abzulenken, mit der Umwelt „verschmelzen".

6.2.1 Beispiele für die Anzeigengestaltung

ACC-Klammer

Da ein ACC-Gesamtanzeigekonzept in Kapitel 7.1 näher beschrieben wird, soll an dieser Stelle nur der Entwurf einer Markierung des Vorderfahrzeugs dargestellt werden. Da es sich hierbei um eine kontinuierliche Anzeige handelt, die den Fahrer informiert, soll diese möglichst wenig ablenken und verdecken.

Möglichkeiten, ein Objekt zu markieren, bieten sich durch verschiedene Arten von Einfärben, Umrahmen und Daraufzeigen. Das Einfärben des Vorderfahrzeugs an sich ergibt bereits eine sehr flächige Anzeige, die viel verdecken kann. Berücksichtigt man noch die Auswirkungen von Markierungsfarbe und der Vielzahl der Fahrzeugfarben, die zu erwarten sind, scheidet diese Art der Markierung aus. Gerade das Risiko, Bremslichter und Blinker zu verdecken oder zu verfärben, ist zu groß. Ein Daraufzeigen besteht immer aus einem Pfeil oder ähnlichem Icon, das nicht sehr gut mit der Umwelt verschmilzt. Da es neben dem Vorderfahrzeug platziert ist, könnte es einen Teil der Umwelt verdecken. Das größte Potenzial weist hier das Umrahmen auf, da der Rahmen sehr dünn gehalten werden kann und dadurch generell wenig verdeckt. Auch muss ein Rahmen nicht durchgängig gezeichnet werden, da wegen des Wahrnehmungseffektes der Scheinkonturen [10] alleine Ecken eines möglichen Rechtecks als Rechteck wahrgenommen werden (Abbildung 6.6). So kann der Rahmen, um – wie oben bereits erwähnt – die Bremslichter nicht zu verdecken, nur sehr flach gezeichnet werden. Abbildung 6.6 zeigt eine flache Umklammerung des unteren Teils des Fahrzeugs, sie fasst diesen meist eckigen Teil des Fahrzeugs geometrisch ein und liegt somit grafisch am Fahrzeug an, wodurch ihre Form den Fahrer nicht ablenkt. Da dieser Teil des Fahrzeugs meist dunkel ist oder im Schatten liegt, kann die Klammer ohne Weiteres auch transparent gestaltet werden und dennoch einen guten Helligkeits- und Farbkontrast liefern, ohne zu stark abzulenken.

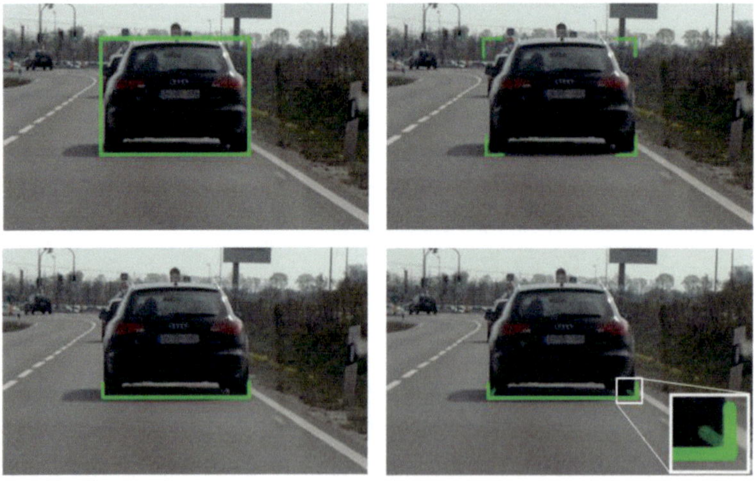

Abbildung 6.6: Markierung eines Fahrzeugs durch Umrahmung und durch eine Scheinkontur (oben); Markierung als Klammer, um die Rückleuchten nicht zu verdecken, und als 3-D-Klammer (unten)

Technisch bedingt treten durch Nickbewegungen des Fahrzeugs Ungenauigkeiten in der kontaktanalogen Anzeige auf, weshalb eine Klammer (wie in Abbildung 6.6 links unten) als in der Luft schwebend erscheinen kann. Da sie aber zum Fahrzeug gehören soll, das sich auf der Straße befindet, kann die Klammer als eine 3-D-Klammer ausgeführt werden (Abbildung 6.6 rechts unten), wodurch sie einen Sockel erhält. Durch diesen Sockel und die Unterlagenregel – Gegenstände liegen im Allgemeinen auf ihrer Unterlage auf (vgl. Kapitel 3.1.4 Interpretation optisch-visueller Reize) – wird die Klammer eher als auf der Straße liegend interpretiert. Der Bezug von Markierungen zur Straße ist sehr wichtig, da die Straße die Perspektive darstellt und diese somit als wichtigstes Tiefenkriterium fungiert. Folglich bestimmt der Fahrer die Entfernung zu Objekten und von Objekten zueinander hauptsächlich über ihre Position auf der Straße.

Da für die Gestaltung kontaktanaloger Anzeigen noch keine Normen oder Regeln existieren, kann hier nur empfohlen werden, die Interpretation optisch-visueller Reize (Kapitel 3.1.4) zu berücksichtigen, da die Anzeigen wie die Realität wahrgenommen und interpretiert werden sollen. Die hier beschriebene Klammer erfüllt z. B. folgende Gestaltprinzipien und Interpretationsregeln:

- Prinzip der Nähe
- Prinzip des gemeinsamen Schicksals
- Prinzip der Verbundenheit
- Unterlagenregel
- Ortsregel
- gewohnte Größe

Navigationshinweis

Ein Navigationshinweis markiert einen Manöverpunkt in der Realität und bildet durch seine Darstellung das Abbiegemanöver ab. Hierfür muss er einerseits richtig in der Realität positioniert sein, um den Ort des Manövers zu markieren, und andererseits durch seine Darstellung als Pfeil oder Pfad die Richtungsänderung im Manöverpunkt anzeigen. Kapitel 6.1.2 beschreibt verschiedene Darstellungsarten für Navigationshinweise, die sich unter anderem durch ihren Darstellungsort unterscheiden. Hier sticht besonders die von Virtual Cable™ verwendete Darstellung über der Fahrbahn heraus, die dem Fahren nicht die Sicht auf die Fahrbahn verdecken soll. Im Vorversuch in Kapitel 7.2.1 wird diese als sehr ungenau bewertet, was sich auch theoretisch erklären lässt. Die Navigationsanzeige besteht aus einem Zeiger, der einen

Punkt auf einer Skala (der Fahrbahn) markieren möchte, die aber aus einem schrägen Blickwinkel abgelesen wird. Durch dieses schräge Ablesen entsteht ein Parallaxenfehler (Abbildung 6.7), verstärkt durch den Abstand von Zeiger zur Skala und den Ablesewinkel. Da der Ablesewinkel bei der kontaktanalogen Navigationsanzeige durch den Blickwinkel zwischen Fahrer und Fahrbahn fest vorgegeben ist, kann der Fehler nur verkleinert werden, wenn sich die Anzeige möglichst auf der Fahrbahn befindet.

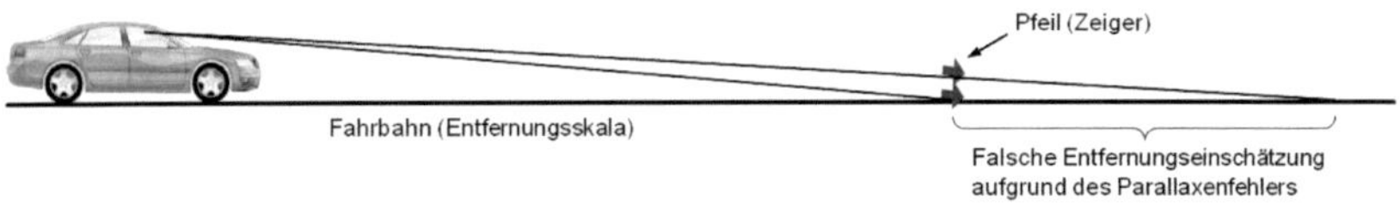

Abbildung 6.7: Möglicher Ablesefehler eines über der Fahrbahn schwebenden Pfeils aufgrund der Parallaxe

Für die genaue Verortung der Anzeige ist also eine flach auf der Fahrbahn liegende Anzeige am zielführendsten. Diese kann allerdings, wenn es sich um eine flache und zweidimensionale Anzeige handelt, aus größeren Entfernungen durch den flachen Ablesewinkel schlecht gesehen werden. Für Anzeigen in größeren Entfernungen ist also eine stehende oder dreidimensionale Anzeige mit einer entsprechenden Höhe sinnvoll. Um Verdeckungen durch die stehende Anzeige zu vermeiden, kann sich diese beim Heranfahren in eine liegende Anzeige umwandeln (vgl. Abbildung 6.8).

Abbildung 6.8: Ein nach oben gebogener Pfeil ist in größeren Entfernungen gut sichtbar, beim Herannähern kann er sich auf die Fahrbahn legen, um die Genauigkeit zu erhöhen und Verdeckungen zu vermeiden.

6.2.2 Anzeigengestaltung für ein kleines virtuelles Bild

Für die optimale Gestaltung kontaktanaloger Anzeigen ist ein möglichst großes virtuelles Bild nötig. Häufig ist auch der gesamte Bereich der Windschutzscheibe als Anzeigefläche gewünscht. Da dies aber technisch noch nicht realisierbar ist, muss bei der Gestaltung der Anzeigen immer die zur Verfügung stehende Bildgröße und Position berücksichtigt werden.

Da kontaktanaloge Anzeigen an einem bestimmten Punkt in der Realität verortet werden sollen, tritt unvermeidlich das Problem ein, dass sich dieser Ort auch einmal außerhalb des Anzeigebereiches befindet. Diese Fälle sind seitens des Anzeigekonzeptes zu berücksichtigen oder besser durch die Gestaltung der Anzeige möglichst zu vermeiden. Dieses Kapitel präsentiert anhand zweier Beispiele einen möglichen Umgang mit dieser Problematik.

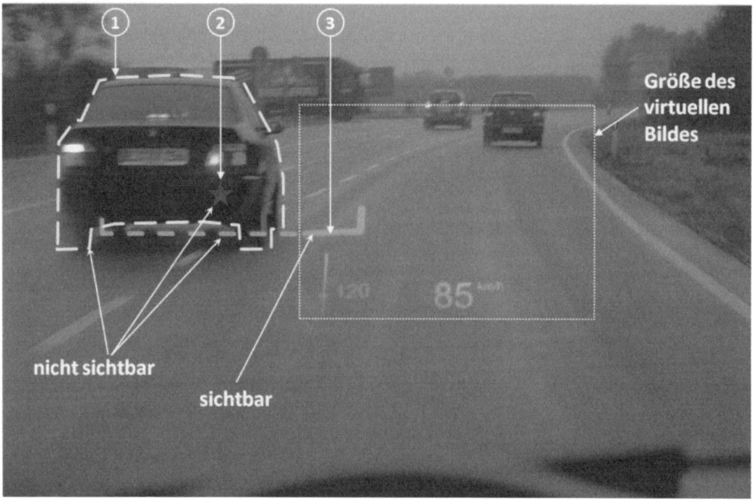

Abbildung 6.9: Verschiedene Möglichkeiten der kontaktanalogen Markierung des erkannten ACC-Vorderfahrzeugs und ihre Sichtbarkeit: (1) Umrahmung, (2) Radarreflexionspunkt und (3) Klammer [35]

Als Beispiel soll hier wieder die Markierung des ACC-Vorderfahrzeugs dienen. Die Sensorik zur Erfassung des Vorderfahrzeugs verfügt über einen wesentlich größeren Öffnungswinkel als das verwendete HUD, sodass auf Fahrzeuge geregelt werden kann, die sich außerhalb des Bildes befinden. Hierfür bestehen verschiedene Möglichkeiten, das Vorderfahrzeug zu markieren, wie etwa eine direkte Umrahmung, das Anzeigen des Radarreflexionspunktes oder mittels einer Klammer. Abbildung 6.9

zeigt diese Anzeigen in einer Situation, in der sich das Fahrzeug außerhalb des Anzeigebereiches befindet. Eine Markierungsart, die auf dem Fahrzeug liegt oder eng an diesem anliegt wie der Radarreflexionspunkt oder hier die direkte Umrahmung.
Die Abbildung verdeutlicht, dass die Anzeigen Radarreflexionspunkt und direkte Umrahmung nicht mehr im Bildbereich der HUDs liegen. Die Klammer aber, mittig zum Radarreflexionspunkt positioniert, ist noch teilweise sichtbar. Dieser Teilbereich der eigentlichen Klammeranzeige reicht noch aus, um zu erkennen, dass das ACC noch auf das linke Fahrzeug regelt. Dieser Effekt kann erreicht werden, indem die Klammer immer breiter als das zu markierende Fahrzeug gezeichnet wird und somit durch ihre Breite besser im Bildbereich bleibt. Zu bevorzugen ist es jedoch, die Klammerbreite in der Software so zu berechnen, dass immer ein gewisser Teil der Klammer im Bild bleibt. So kann sichergestellt werden, dass das Teilstück auch in größeren Anzeigeentfernungen noch erkennbar ist und die Größe ausreicht, um sie als Markierungsklammer zu erkennen und gedanklich auf das entsprechende Fahrzeug auszuweiten.
Ein Teilbereich der Navigation, das Markieren des eigentlichen Abbiegemanövers in einer Kurve, dient als zweites Beispiel. Für die Anzeige eines Navigationsmanövers sind verschiedene Möglichkeiten bekannt [36]. Sie lassen sich in Pfade, also kontinuierliche oder fortlaufende Markierungen, und Wegweiser wie einzelne Pfeile oder Schilder einteilen. Abbildung 6.10 zeigt eine „worst case“-Situation: rechts abbiegen in einer Rechtskurve.

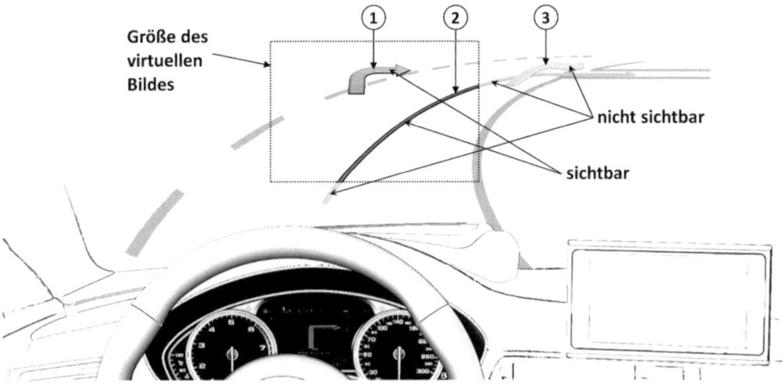

Abbildung 6.10: Verschiedene Möglichkeiten der kontaktanalogen Navigationsdarstellung und ihre Sichtbarkeit in Kurven: (1) entfernungskorrekte Darstellung, (2) Abbiegetrajektorie und (3) kontaktanaloger Pfeil [35]

Hier sind als Vertreter der Kategorie Pfad eine Abbiegetrajektorie (2) und ein Pfeil (3) als Wegweiser eingezeichnet. Aus der Krümmung der Trajektorie kann zu diesem Zeitpunkt noch nicht geschlossen werden, dass hier abgebogen werden soll. Auch der Pfeil, der kontaktanalog genau im Abbiegepunkt liegt, kann das Manöver nicht anzeigen, da er sich noch nicht im Bild befindet. Um den Fahrer in dieser Situation zu unterstützen, muss ihm die Anzeige Abbiegeentfernung und -richtung zur Verfügung stellen. Für den Fahrer ist es in den meisten Situationen schwieriger, die Entfernung korrekt einzuschätzen als die Richtung, wie in Kapitel 2.1 bereits erläutert. Reduziert man die Anzeige auf die wesentlichen Informationen – Abbiegeentfernung und -richtung, können diese durch einen nicht kontaktanalogen, sondern entfernungskorrekten Pfeil dargestellt werden (1). Dieser Pfeil befindet sich in der Entfernung an der Stelle, an der abgebogen werden soll, in seiner Querposition ist er aber nicht auf der Fahrbahn, sondern immer fest im Bild, also fahrzeugfest, verortet. Der Pfeil zeigt so Richtung und Entfernung, muss aber noch mental quer auf die Fahrbahn positioniert werden. Ein möglicher Nachteil dieser Darstellung besteht in der Ablenkung, die sich durch die Querbewegung des Pfeiles zur Fahrbahn ergeben könnte.

7 Versuche

Dieses Kapitel präsentiert die durchgeführten Versuche mit kontaktanalogen Anzeigen. Dabei handelt es sich nicht um eine Optimierung eines einzelnen Anzeigekonzeptes durch stetiges Verbessern und Testen, vielmehr sollen die Beispiele zeigen, über welches Potenzial diese Anzeigen verfügen. Die untersuchten Anzeigen decken mit den Schwerpunkten assistiertes Fahren, Navigation und Spurführung einen großen Bereich möglicher Anzeigen ab.

7.1 Fahrerassistenzsysteme am Beispiel des ACC

Der Abstandsregeltempomat wird hier stellvertretend für die Fahrerassistenzsysteme untersucht. Zum einen nimmt er dem Fahrer die Längsführung ab, zum anderen muss der Fahrer dennoch in der Überwachungsschleife bleiben. Durch diese Eigenschaften dient er als gutes Beispiel für aktuelle und zukünftige Assistenzsysteme, bei denen der Fahrer auch weiterhin noch in der Überwachungsschleife bleiben oder in diese zurückgeholt werden muss.

7.1.1 Ziel des Versuches

Zur Verbesserung der Fahrerassistenzsysteme durch kontaktanaloge Anzeigen könnten Kritikpunkte der einzelnen Systeme zu einem Vorteil kombiniert werden. Durch die Anzeigen im primären Sichtfeld des Fahrers in einem kHUD kann es zu Ablenkung und Aufmerksamkeitsbündelung kommen oder die Anzeigen können die Sicht des Fahrers verdecken. Wie in Kapitel 2.2 beschrieben ist einerseits das monotone Überwachen der Assistenzsysteme für den Menschen schwierig, andererseits ist die menschliche Wahrnehmung nicht für die Überwachung der dynamischen Größen der Regelung geeignet. Führt man diese Punkte zusammen, könnten aufmerksamkeitsbündelnde Anzeigen den Fahrer zum Überwachen stimulieren. Gleichzeitig kann die kontaktanaloge Visualisierung die Wahrnehmbarkeit der Regelgrößen verbessern.
Demzufolge führt eine kontaktanaloge Anzeige der Fahrerassistenzsysteme im HUD unweigerlich zu einem Zielkonflikt. Für die Assistenzsysteme soll die Anzeige möglichst interessant und stimulierend sein, zur Minimierung der Ablenkung durch die Anzeige muss sie hingegen möglichst dezent sein und nur das Wichtigste anzeigen. Der Versuch soll diesen Zielkonflikt lösen und klären, inwieweit eine interessante animierte Anzeige den Fahrer stimulieren kann, ohne ihn abzulenken.

Hieraus ergeben sich für den Versuch folgende Forschungshypothesen:

H1: Kontaktanaloge Anzeigen können unterschiedlich stimulierend gestaltet werden und sind stimulierender als Anzeigen im Kombiinstrument.

H2: Durch die kontaktanalogen Anzeigen verbessert sich die Fahrperformance beim Fahren mit ACC.

H3: Die kontaktanalogen Anzeigen senken den Workload beim Fahren mit ACC.

H4: Die kontaktanalogen Anzeigen sind attraktiver als die Anzeige im Kombi.

H5: Die stimulierendere Anzeige führt zur visuellen Aufmerksamkeitsbindung und somit zur Ablenkung.

7.1.2 Versuchsaufbau

Für den Versuch werden zwei kontaktanaloge Anzeigekonzepte entworfen, die zum einen auf Stimulation, zum anderen auf minimale Ablenkung abzielen. Auf weitere Zwischenlösungen wird hier aus versuchsökonomischen Gründen verzichtet, da die Probanden im Versuch über ausreichend Zeit verfügen sollen, die Vor- und Nachteile der einzelnen Konzepte erleben zu können. Eine vollständige visuelle Gewöhnung an die neue Anzeige kann in einem solchen Versuch ohnehin nicht erzeugt werden, da diese erst nach ca. 20 Fahrstunden eintritt [37].

Anzeigekonzepte

Das erste Konzept, ACC-low, soll die Ablenkungen durch die Anzeige möglichst gering halten und nur das Nötigste anzeigen. Um zu bestimmen, was das Nötigste ist, wurde eine Umfrage mit Fahrern, die das ACC regelmäßig nutzen, durchgeführt. Die einzelnen ACC-Anzeigen des Kombiinstrumentes, die in den verschiedenen Fahrzeugmodellen existieren, wurden den 14 Probanden präsentiert, die anschließend nach ihrem Nutzungsverhalten befragt wurden. Die Unterteilung erfolgte danach, welche Priorität der Anzeige für das Fahren mit ACC zugeordnet wird und wie häufig die Anzeigen genutzt werden.

Als am wichtigsten wurden die Anzeigen für Wunschgeschwindigkeit (Abbildung 7.1, (1)), ACC aktiv (2), Folgefahrt/Vorderfahrzeug erkannt (3) und Übernahmeaufforderung (4) erachtet. Diese wurden auch am häufigsten genutzt, bis auf die Übernahmeaufforderung, die eher als akustische Anzeige Beachtung findet. Weniger häufig dagegen griffen die Probanden auf die Anzeige des Wunschabstands (5) und des Regelbereichs (6) zurück, wobei aber der Regelbereich noch als relativ wichtig eingestuft wird. Bei dem Regelbereich handelt es sich um eine analoge Anzeige, die mit einem Pfeil auf einem Rot-Grün-Bereich anzeigt, ob sich das Fahrzeug auf den Sollabstand eingeregelt hat (grün) oder diesen Abstand nicht mehr halten kann und zu dicht auffährt (rot).

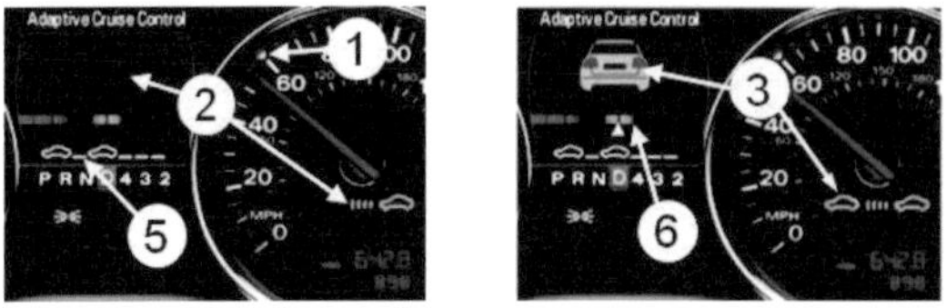

Abbildung 7.1: Die einzelnen Anzeigen des ACC im Audi A8 (D3)

Aufgrund dieser Ergebnisse besteht das Anzeigekonzept ACC-low aus einer Markierung des erkannten Vorderfahrzeugs, einer Anzeige der Wunschgeschwindigkeit, die auch für die Aktivierung des Systems steht, und einer Übernahmeaufforderung.

Abbildung 7.2: Die Anzeigen von ACC-low (links) mit Klammer zur Markierung des Regelobjektes und der Sollgeschwindigkeit und ACC-high (rechts) mit zusätzlicher Darstellung des Regelbereiches.

Die Markierung des erkannten Vorderfahrzeugs erfolgt durch eine grüne Klammer (Abbildung 7.2), die unterhalb des Radarreflexionspunktes liegt. Da die Erkennung des Fahrzeugs nur durch den Radarreflexionspunkt eintritt und auf zusätzliche Bildverarbeitung verzichtet wurde, hat die Klammer eine feste Breite und kann sich leicht versetzt zur Fahrzeugmitte befinden. Zur Anzeige der Übernahmeaufforderung des Systems wird die Klammer durch einen blinkenden roten Balken ersetzt.

Das Anzeigekonzept ACC-high besteht ebenfalls aus der grünen Klammer und der Übernahmeaufforderung, wird aber noch durch weitere Anzeigen ergänzt. So erscheint zwischen der grünen Klammer und dem eigenen Fahrzeug noch der Regelbereich des ACC als Rot-Grün-Übergang (Abbildung 7.2, vgl. auch Abbildung 7.1 (6)). Die Größe dieses Bereiches ist abhängig vom Wunschabstand und der gefahrenen Geschwindigkeit. Zur Anzeige des Regelzustandes wird der Bereich vom eigenen Fahrzeug aus abgeschnitten, sodass sich der grüne Bereich stetig verkleinert und auch der rote Bereich abgeschnitten wird. Spätestens am Ende des roten Bereiches erscheint schließlich die Übernahmeaufforderung. Die Richtung des Rot-Grün-Bereichs verläuft analog zum Kombi, sodass der rote Bereich am Vorderfahrzeug beginnt. Dies entspricht der Vorstellung, das Vorderfahrzeug habe einen Sicherheitsbereich hinter sich, in den man nicht hineinfahren dürfe. Dies steht der Anzeige des Sicherheitsabstandes mit einem Balken, den man buchstäblich vor sich herschiebt, entgegen, dennoch wurde hier zugunsten der Konsistenz zwischen HUD und Kombi-Anzeige entschieden.

Die Anzeige der Wunschgeschwindigkeit erfolgt hier in zweifacher Form animiert: Zum einen wird sie als digitale Zahl dargestellt, zum anderen befindet sich links neben ihr eine vertikale Bandanzeige, die die Relativgeschwindigkeit zwischen der gefahrenen Geschwindigkeit und der Wunschgeschwindigkeit angibt. Diese Anzeige soll dem Fahrer Führungsgröße und Differenz zur Regelgröße mitteilen. Die andere Animation der Wunschgeschwindigkeit besteht in der Änderung der Schriftgröße der Wunschgeschwindigkeit, wenn das Fahrzeug auf diese beschleunigt. Den Use Case hierfür stellt das Folgen eines langsameren Fahrzeugs nach einer schnelleren Fahrt im Freemode dar. So kann die Wunschgeschwindigkeit noch auf 180 km/h stehen, während die gefahrene Geschwindigkeit nur 80 km/h beträgt. Wenn das Vorderfahrzeug nun verschwindet, beschleunigt das eigene Fahrzeug wieder verhältnismäßig stark auf die Wunschgeschwindigkeit, was den Fahrer, der die eingestellte Wunschgeschwindigkeit vergessen hat, erschrecken könnte. Die Animation der Wunschgeschwindigkeit soll dem Fahrer diese wieder in Erinnerung rufen und das Systemverständnis des ACCs verbessern.

Versuchsfahrzeug

Das Versuchsfahrzeug ist ein Audi A8 (D3) 4.2 quattro, ausgestattet mit dem in Kapitel 5.3 beschriebenen kHUD. Die Einbauten im Fahrzeug beeinflussen die serienmäßigen Funktionen nicht, d. h. der vollständige Verstellweg des Lenkrades ist gegeben und vom HUD ist lediglich ein Teil der Abdeckung zu erkennen. Für das Blickerfassungssystem sind an der A-Säulenwurzel, auf der Instrumententafel sowie zwischen dem MMI-Display und dem Kombiinstrument Marker angebracht, um eine ortsbezogene Auswertung der Blickdaten durchführen zu können. Zur Erzeugung der Anzeigen ist im Handschuhfach ein Notebook eingebaut, während der Versuchsleiter über ein weiteres Notebook für die Blickerfassung verfügt. Um im relativ kurzen Versuchszeitraum auch Fehler des ACCs mit der entsprechenden Anzeige darstellen zu können, wurde der ACC-Sensor dejustiert. Hierdurch treten Fehlerkennungen, insbesondere die Erkennung des Fahrzeugs auf der Nebenspur, häufiger auf. Um permanent ein Vorderfahrzeug zu garantieren, kam ein weiteres Fahrzeug zum Einsatz, dem der Proband folgen sollte. Um auch das Verhalten bei der Übernahmeaufforderung erfassen zu können, bremste das Vorderfahrzeug an bestimmten Stellen unverhofft. Zur Gewährleistung der Sicherheit stand dem Versuchsleiter auf der Beifahrerseite ein zusätzliches Bremspedal zur Verfügung. Dem Fahrer des Vorderfahrzeugs sowie dem Versuchsleiter waren die Stellen, an denen gebremst werden konnte, bekannt.

Versuchsstrecke

Der Versuch startete auf einem Autobahnparkplatz, wobei die Fahrt zum Parkplatz von ca. 10 min zur Gewöhnung des Probanden an das Fahrzeug und den dejustierten ACC-Sensor genutzt wurde. Die eigentliche Versuchsstrecke verlief auf der Autobahn A9 (dreispurig) ca. 11 km bis zu einer Ausfahrt und führte dann auf einer parallel verlaufenden Landstraße wieder zurück zum Autobahnparkplatz (Abbildung 7.3). Das Abfahren der Strecke nahm ca. 20 min in Anspruch und wurde mit allen Anzeigen wiederholt.

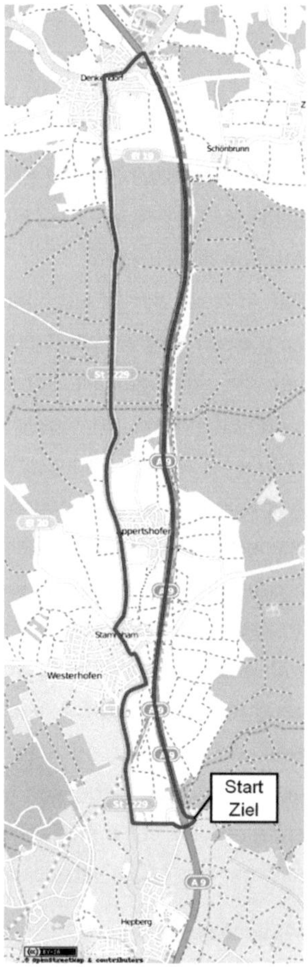

Abbildung 7.3: Der Verlauf der Versuchsstrecke [41]

Messdaten

Zur Evaluierung der Hypothesen wurden die Fahrzeugdaten aufgezeichnet und Befragungen der Probanden durchgeführt. Bei den erfassten Daten handelt es sich um Lenkwinkel, Bremsdruck und Geschwindigkeit. Hinzu kommt die ACC-Bedienung sowie die ACC-internen Größen Kritikalität, Position des Vorderfahrzeugs und Übernahmeaufforderung. Nach jeder Fahrt mit einem Anzeigekonzept erfolgt eine Befragung anhand des NASA-TLX-Fragebogens, des AttrakDiff-Fragebogens sowie von Zusatzfragen. Mit dem AttrakDiff-Fragebogen kann die hedonische sowie pragmatische Qualität interaktiver Produkte bewertet werden [38]. Die pragmatische Qualität beinhaltet die Beurteilung eines Nutzers in Bezug auf die Eignung eines Produkts, seinen Zweck zu erfüllen. Die hedonische Qualität umfasst die Beurteilung des Nutzers in Hinblick auf die Freude bei der Nutzung eines Produkts. Die hedonische Qualität setzt sich zusammen aus Identität und Stimulation. Sich selbst mit einem Produkt zum Ausdruck zu bringen macht die Identität des Produktes aus, ähnlich einem Statussymbol. Als Stimulation wird die Motivation des Benutzers durch neuartige, interessante und anregende Funktionen bezeichnet [38]. Die Zusatzfragen beziehen sich auf das empfundene Sicherheitsgefühl, die Reaktionsfähigkeit und die Verfügbarkeit von Informationen bei der Benutzung der Anzeige. Des Weiteren wurden Fragen zu einzelnen Inhalten der Anzeigen gestellt sowie ein Ranking der Anzeigen ermittelt.

Im gesamten Versuch wurden die Blickdaten der Probanden aufgezeichnet, was zugleich auch als Videodokumentation diente. Bei dem Blickerfassungssystem handelte es sich um Dikablis der Ergoneers GmbH.

7.1.3 Versuchsablauf

Vor dem eigentlichen Versuch hatten die Probanden innerhalb einer ca. zehnminütigen Eingewöhnungsfahrt Zeit, sich mit dem neuen Fahrzeug und dem dejustierten ACC-Sensor vertraut zu machen. Darauf folgten die Kalibrierung des Blickerfassungssystems und die Einweisung der Probanden. Ihre Aufgabe bestand darin, einem Vorderfahrzeug unter Benutzung des ACCs zu folgen. Sie wurden nochmals auf den dejustierten Sensor und das mögliche unverhoffte Bremsen des Vorderfahrzeugs hingewiesen. Nach einer Erläuterung des entsprechenden Anzeigekonzeptes startete der Versuch. Die nachfolgende Strecke wurde dann mit jeder Anzeige einmal gefahren, wobei die serienmäßige ACC-Anzeige im Kombi stets den Anfang machte und danach die Anzeigekonzepte ACC-low und ACC-high permutierten (Abbildung 7.4).

Der erste Teil des Versuches fand auf einer dreispurigen Autobahn statt. Indem das Vorderfahrzeug aus- und wieder einscherte, um das Erkennen des Fahrzeugs durch den Radarsensor zu verdeutlichen, sollte den Probanden das Systemverhalten in Bezug auf die Anzeige vorgeführt werden. Die Systemgrenze des HUDs, das kleine zur Verfügung stehende virtuelle Bild, wurde hierbei beurteilbar, so verlässt etwa die grüne Klammer beim Ausscheren teilweise das virtuelle Bild. Auch Fehlerkennungen von Fahrzeugen auf der Nachbarspur konnten hier mithilfe des dejustierten Sensors verdeutlicht werden, da die grüne Klammer nicht nur anzeigt, ob ein Fahrzeug erkannt wurde, sondern auch welches.

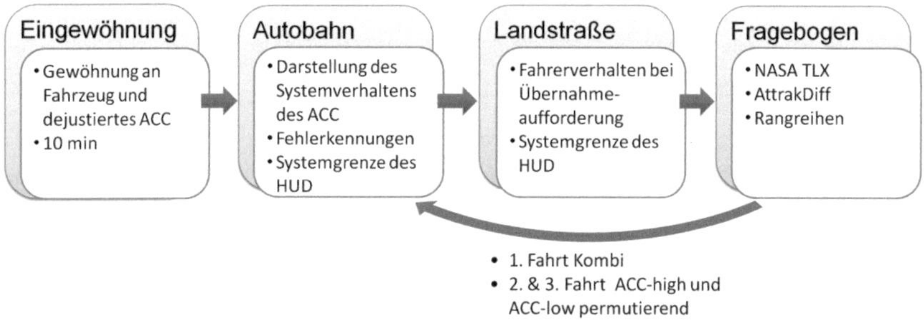

Abbildung 7.4: Versuchsablauf

Während des Landstraßenteils des Versuches zeigte sich nochmals das nur begrenzt zur Verfügung stehende Bild in kurvigeren Abschnitten. Ebenso führte das Vorderfahrzeug auf dem wenig befahrenen Landstraßenteil je nach Verkehrssituation 3–4 Bremsungen durch, die zu einer Übernahmeaufforderung des Versuchsfahrzeugs führten. Die Bremspunkte wurden bei jeder Fahrt variiert und waren nur dem Versuchsleiter bekannt. Auch erfolgten diese Bremsungen nicht willkürlich, sondern ausschließlich an Punkten, an denen theoretisch stark abgebremst werden konnte wie vor Kuppen, Einmündungen, Geschwindigkeitsbegrenzungen etc. Nach jeder Fahrt bewerteten die Probanden die Anzeigekonzepte mit dem NASA-TLX, dem AttrakDiff-Fragebogen und entsprechenden Zusatzfragen. Am Ende des gesamten Versuches bildeten die Probanden noch Rangreihen der Anzeigekonzepte.

Der Versuch wurde mit einer abhängigen Stichprobe von 32 Probanden mit einem durchschnittlichen Alter von 37 ± 10,5 Jahren durchgeführt. Sie wurden nach ihrer ACC-Erfahrung ausgewählt und nutzen ACC in ihrem Privat- oder Dienstwagen dementsprechend häufig. Vier der Probanden waren weiblich, 28 männlich; 44 % waren bereits zuvor schon mit einem HUD gefahren.

7.1.4 Ergebnisse

Die statistische Auswertung der Ergebnisse erfolgte unter Verwendung der einfaktoriellen Varianzanalyse mit Messwiederholung. Diese stellt heraus, ob sich die Ergebnisse der drei Anzeigekonzepte signifikant unterscheiden. Die Voraussetzungen, Normalverteilung und Sphärizität, wurden vorab mit dem K-S-Test und dem Mauchly-Test ermittelt. Um die einzelnen Anzeigekonzepte miteinander zu vergleichen, wurden Post-Hoc-Tests mit einer Fehlerkorrektur nach Bonferoni durchgeführt. Die hier dargestellten Ergebnisse beziehen sich, wenn nicht anders erwähnt, immer auf die Ergebnisse der Post-Hoc-Tests.

Stimulation

Die Hypothese „Kontaktanaloge Anzeigen können unterschiedlich stimulierend gestaltet werden und sind stimulierender als Anzeigen im Kombiinstrument“ wird mittels eines Teilbereichs des AttrakDiff-Fragebogens geprüft. Dieser setzt sich zusammen aus der Bewertung der pragmatischen Qualität, der Identität und der Stimulation. Der Teilbereich der Stimulation wurde für die Evaluation der Hypothese herangezogen. Diese kann angenommen werden, da sich ACC-high und ACC-low signifikant ($p = .001$) unterscheiden sowie beide sich auch signifikant vom Kombi unterscheiden (mit jeweils $p < .000$) (Abbildung 7.5).

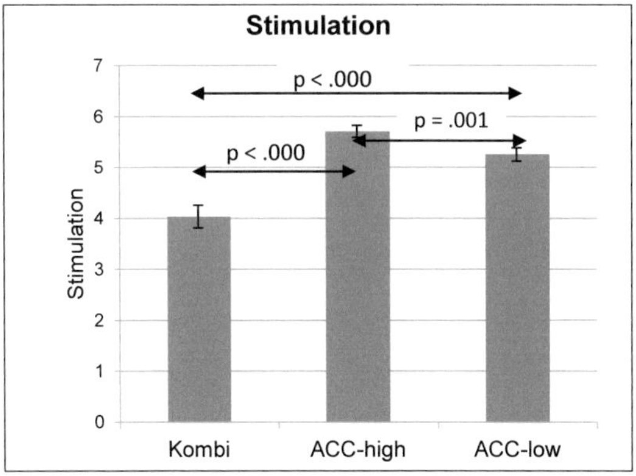

Abbildung 7.5: Darstellung der Stimulation aus dem AttrakDiff-Fragenbogen (7 entspricht starker Stimulation)

Lenkreaktion

Da die gesamte Fahrt möglichst mit ACC gefahren werden sollte, übernahm das System die vollständige Längsführung des Fahrzeugs. Die Probanden regelten nur die Querführung. Zur Bewertung der Fahrperformance wurde hier deshalb die Standardabweichung des Lenkwinkels während der Fahrt herangezogen.

Zwischen den einzelnen Werten ist kein Unterschied feststellbar (Abbildung 7.6), sodass die Hypothese „Durch die kontaktanalogen Anzeigen verbessert sich die Fahrperformance beim Fahren mit ACC" abgelehnt werden muss.

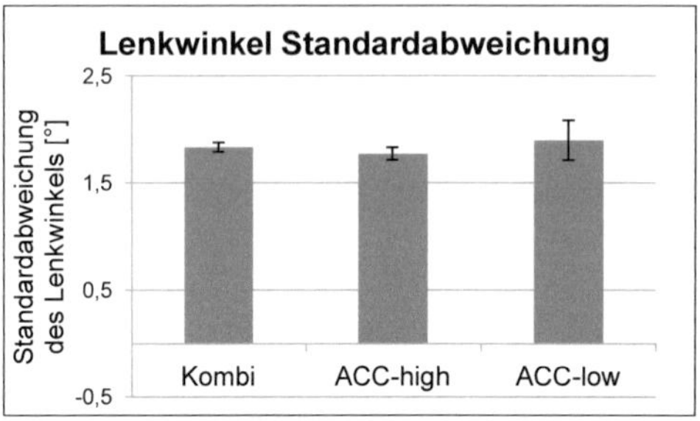

Abbildung 7.6: Standardabweichung des Lenkwinkels

Übernahmeaufforderung

Ebenfalls zur Fahrperformance kann das Verhalten der Probanden bei der Übernahmeaufforderung, die durch das Bremsen des Vorderfahrzeugs entsteht, gezählt werden. Der Fahrer kann hier auch vorzeitig durch Bremsen vor der eigentlichen Aufforderung eingreifen. So zeigt sich in Abbildung 7.7, dass sich bei der Übernahme vor der eigentlichen Aufforderung der Index Übernahme durch die Anzeigekonzepte nicht signifikant unterscheidet. Daraus lässt sich schließen, dass die Probanden eine individuelle Risikoschwelle haben, bei der sie selbst übernehmen, die sich durch die Anzeigen auch nicht verändert.

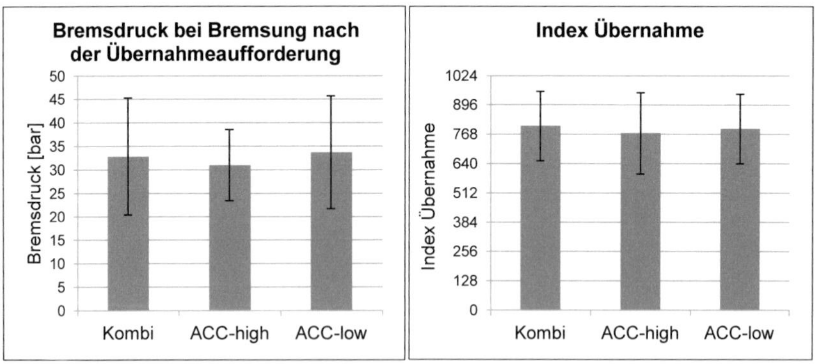

Abbildung 7.7: Maximaler Bremsdruck bei der Bremsung nach der Übernahmeaufforderung und Index Übernahme bei Bremsung vor der Übernahmeaufforderung

Der Index Übernahme bezeichnet eine interne Größe des ACC zwischen 0 und 1024, wobei 1024 für die Übernahmeaufforderung steht. Dieser Index errechnet sich aus der Time to Collision, dem Abstand und der Geschwindigkeit.

Für den Teil der Messungen, bei denen erst nach der Aufforderung gebremst wurde, wird der Bremsdruck betrachtet. Er kann Auskunft darüber geben, ob die Aufforderung unerwartet kam und der Proband dadurch schreckhaft und stärker gebremst hat. Auch hier weisen die Werte keinen signifikanten Unterschied auf.

Workload

Der Workload, der durch die Fahrten mit den Anzeigekonzepten erzeugt wurde, bewerteten die Probanden anhand des NASA-TLX-Fragebogens. Von diesem wird der ungewichtete Overall Workload Index betrachtet. Hier ergibt sich ein signifikanter Unterschied zwischen dem Kombi und ACC-high (p < .000) sowie dem Kombi und ACC-low (p < .000). Die kontaktanalogen Konzepte hingegen werden nicht mit einem signifikanten Unterschied bewertet (Abbildung 7.8). Ob der bedeutende Unterschied im Workload zwischen den beiden kontaktanalogen Darstellungen und dem Kombi allein auf die Kontaktanalogie oder auch auf den anderen Anzeigeort zurückzuführen ist, lässt sich hier nicht eindeutig feststellen. Die Hypothese „Die kontaktanalogen Anzeigen senken den Workload beim Fahren mit ACC“ kann jedoch angenommen werden.

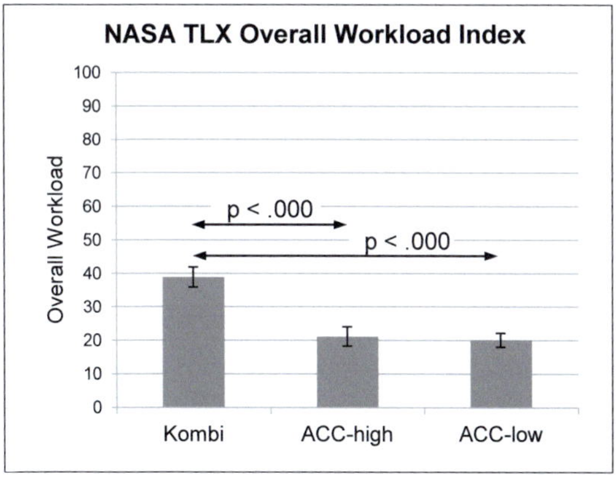

Abbildung 7.8: NASA-TLX Overall Workload Index

Attraktivität

Die Gesamtauswertung des AttrakDiff-Fragebogens präsentiert Abbildung 7.9, indem sie die Mittelwerte der pragmatischen und hedonischen Qualität als Matrix abbildet.

Diese sind mit ihren Konfidenz-Rechtecken dargestellt. Das Kombi wurde hier als neutral bewertet, während sich die beiden kontaktanalogen Anzeigen im Sektor „begehrt" wiederfinden. Innerhalb dieses Sektors zeigt sich, dass ACC-high etwas mehr hedonische Qualität besitzt, ACC-low dafür etwas mehr pragmatische Qualität. Dies spiegelt zum einen die Sensibilität des AttrakDiff-Fragebogens wider und belegt zum anderen, dass die Anzeigekonzepte den erwünschten Effekt erzielen. Die Hypothese „Kontaktanaloge Anzeigen sind attraktiver als die Anzeige im Kombi" kann somit angenommen werden.

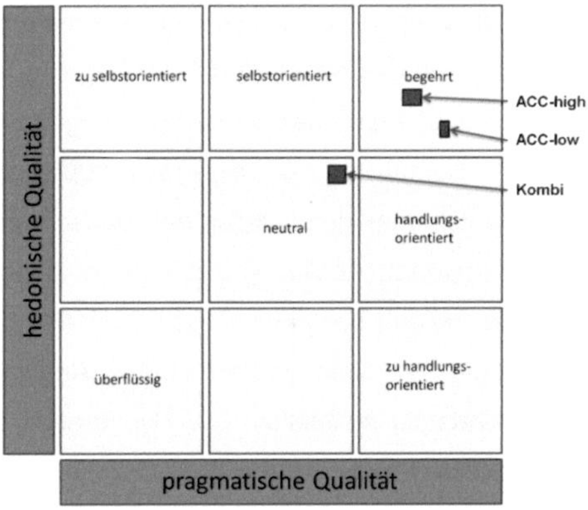

Abbildung 7.9: Ergebnis des AttrakDiff-Fragebogens in Matrixdarstellung

Ablenkung

Zur Bestimmung der Ablenkung werden Rangreihenfolgen zwischen den Anzeigekonzepten gebildet. Die Rangreihen bieten den Vorteil, auch kleine Unterschiede aufzuzeigen, da die unterschiedlichen Konzepte nicht gleich bewertet werden können. Es ist hiermit allerdings nicht möglich, die Größe des Unterschiedes zu bestimmen.

Bei dieser Auswertung ist das ACC-low Konzept signifikant weniger ablenkend als das Kombi, zwischen ACC-high und dem Kombi kann aber keine statistische Aussage getroffen werden (Abbildung 7.10). Die beiden kontaktanalogen Konzepte unterscheiden sich nicht signifikant. Da aber ACC-high tendenziell weniger ablenkt als das Kombi, muss die Hypothese „Die stimulierendere Anzeige führt zur visuellen Aufmerksamkeitsbindung und somit zur Ablenkung" abgelehnt werden.

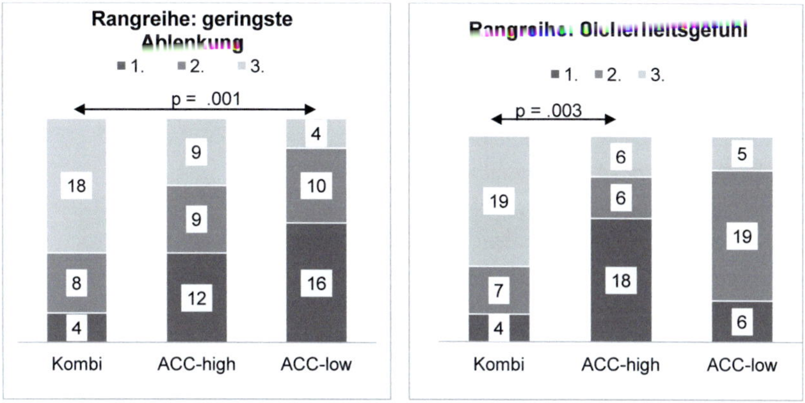

Abbildung 7.10: Ergebnisse der Rangreihenfolgen für die Ablenkung und das Sicherheitsgefühl

Hierbei handelt es sich um eine Bewertung durch die Probanden, also um einen subjektiven Wert, ein objektiver Wert für die Ablenkung wurde nicht erfasst. Diese Bewertung stützt sich darüber hinaus auch auf die Bewertung des Sicherheitsgefühls während des Versuches. In Bezug auf das Sicherheitsgefühl schneiden die kontaktanalogen Anzeigen erneut tendenziell besser ab als das Kombi, wobei hier aber ACC-high den signifikanten Unterschied zum Kombi aufweist (Abbildung 7.10). Dies lässt sich möglicherweise dadurch erklären, dass mehr Informationen zu einem höheren subjektiven Sicherheitsgefühl führen.

Blickverhalten

Die Auswertung der Blickdaten konnte aus verschiedenen Gründen nicht wie gewünscht erfolgen. Zum einen erwies sich die Erkennungsrate der Pupille als nicht ausreichend genau, da sich während des Versuches bei sommerlichen Verhältnissen der Himmel zu stark auf der Pupille spiegelte. Ein manuelles Markieren der Pupille war zudem bei einer Versuchszeit von etwas mehr als einer Stunde und 32 Probanden ökonomisch nicht sinnvoll. Zum anderen kam es durch den Feldversuch, bei dem der Proband häufig einen Schulterblick durchführen musste, zu kleinen Ungenauigkeiten in der Kalibrierung der Blickerfassung. So konnte nicht genau unterschieden werden, ob die Probanden auf die kontaktanaloge Anzeige blickten oder auf die Straße. Aus diesem Grund wurde auf eine Auswertung dieser Daten verzichtet.

Als auswertbar hingegen erwiesen sich die kurzen Zeiträume der Übernahmeaufforderung, da hier die Pupille nachträglich markiert werden konnte. In diesen Zeiträumen wurden die Blicke in das Kombi gemessen, um zu ermitteln, ob die Probanden nach der kurzen Eingewöhnungszeit der kontaktanalogen Anzeige vertrauen oder noch Kontrollblicke auf das Kombi werfen.

Abbildung 7.11: Häufigkeitsverteilung der Blicke 15 sec vor der Übernahmeaufforderung. Rot entspricht den häufigsten Bereichen. Kontaktanaloge Anzeige ACC-high links, Anzeige im Kombiinstrument rechts.

Für die Übernahmeaufforderungen wurde ein Auswertzeitraum von 15 sec vor der Übernahmeaufforderung und 2 sec danach gewählt. In diesem Zeitraum beginnt das Vorderfahrzeug zu bremsen, wodurch sich die Situation für den Probanden bis zur Übernahmeaufforderung immer kritischer gestaltet. In diesem Zeitraum blickten die Probanden mit dem Kombi als Baseline durchschnittlich 3,82-mal ins Kombiinstrument. Dieser Wert verringert sich mit der Anzeige ACC-low auf 0,96-mal und mit ACC-high auf 0,73-mal. Auch mit der Anzeige im HUD fällt der Blick noch zur Kontrolle ins Kombi, jedoch wesentlich seltener in Anbetracht der kurzen Gewöhnungszeit. Diesen Effekt zeigt auch die Häufigkeitsverteilung der Blicke in Abbildung 7.11. Auch dauerte der längste Blick ins Kombi (mit Anzeigekonzept Kombi) 1,48 sec, was unter den Umständen, dass das Vorderfahrzeug bremst, recht lang ist. Dies entspricht bei nur 80 km/h auf der Landstraße bereits 33 gefahrenen Metern ohne Blick auf die Straße – schon aufgrund dieses Ergebnisses ist eine Anzeige im HUD, kontaktanalog oder konventionell, anzuraten.

7.2 Navigation

Analog zum ACC-Versuch soll auch für die Navigation kein einzelnes Anzeigekonzept optimiert, sondern vielmehr gezeigt werden, ob kontaktanaloge Anzeigen grundsätzlich einen Vorteil bieten. In diesem Zusammenhang wurde besonders die bereits in Kapitel 2.1 erwähnte mangelnde Entfernungseinschätzung beobachtet. Ebenso steht die mentale Belastung beim Übertragen der Anzeigen auf die Realität im Fokus der Untersuchung.

7.2.1 Herleitung aus der Theorie

Um bereits bestehende Navigationsanzeigen zu verbessern, kann an verschiedenen Punkten der Anzeigen angesetzt werden. Da in dieser Arbeit ausschließlich optische Anzeigen im HUD Beachtung finden und sich Anzeigen generell im Darstellungsort und ihrer Darstellungsart unterscheiden, steht die Darstellungsart im Mittelpunkt der Untersuchung. Die bekannten Navigationsanzeigen in HUDs sind meist abstrakte situationsanaloge Anzeigen mit analogen und digitalen Zusatzinformationen. Um diese zu optimieren, kann die mentale Belastung zur Interpretation der Anzeige und ihrer Übertragung auf die Realität verbessert werden. Wie in Kapitel 3.2.3 beschrieben kann eine kontaktanaloge Anzeige die mentale Belastung senken, da sie die Übertragung der stilisierten Abbildung auf die Realität minimiert.

Um nur diese mentale Belastung zwischen den Darstellungsarten zu erfassen, werden aus dem Wahrnehmungsprozess nur Wahrnehmen, Erkennen und Handeln gemessen. Der Stimulus und dessen Verarbeitung bis hin zur eigentlichen Wahrnehmung sollen möglichst gleich gehalten werden. Aus diesem Grund sind die Anzeigen möglichst gleich gestaltet, d. h. mit gleicher Schriftgröße, gleichen Symbolen, gleichem Kontrast usw.

Im Anschluss an den ACC-Versuch (Kapitel 7.1) beurteilten die Probanden verschiedene Anzeigekonzepte zur Navigationsdarstellung anhand von Videos der Anzeigekonzepte. Sie wurden in eine Rangreihenfolge gebracht entsprechend den Kriterien ‚am geeignetsten für die Navigationsdarstellung', ‚Genauigkeit der Anzeige' und ‚Ablenkung durch die Anzeige'. Da viele Möglichkeiten der kontaktanalogen Navigationsdarstellung existieren, sollte die Befragung eine Richtung für ein weiter zu entwickelndes Konzept aufzeigen. Aus diesem Grund sind die drei Anzeigekonzepte sehr unterschiedlich aufgebaut. Das Konzept „Schlauch" stellt eine Voranzeige der Navigationstrajektorie dar und zeigt permanent den zu wählenden Pfad an. Die Grafik für diese Trajektorie besteht aus einem dreidimensionalen Schlauch, der auf der Fahrbahn liegt (Abbildung 7.12).

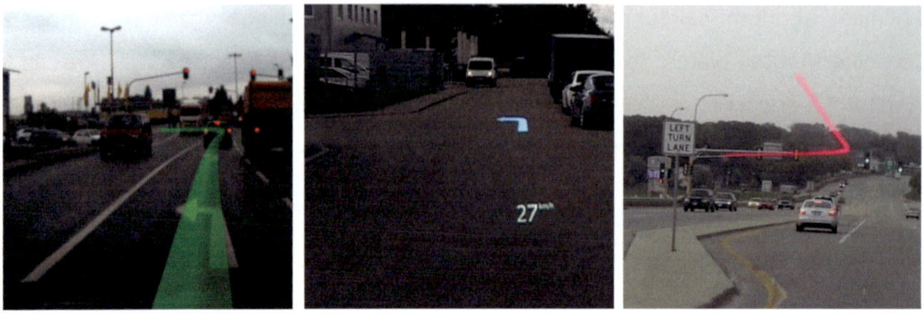

Abbildung 7.12: Darstellung der Anzeigen „Schlauch", „Pfeil" und „Cable" (von links nach rechts)

Das Konzept „Pfeil" nutzt einen einzelnen auf der Fahrbahn liegenden Navigationspfeil, der nur in der Abbiegesituation erscheint (Abbildung 7.12). Das Konzept „Cable" gibt die Anzeige von Virtual Cable™ wieder [21] (Kapitel 4.3.4). Es besteht aus einer dünnen Linie, die wie ein Kabel der Straßenbahn über der Straße schwebt.

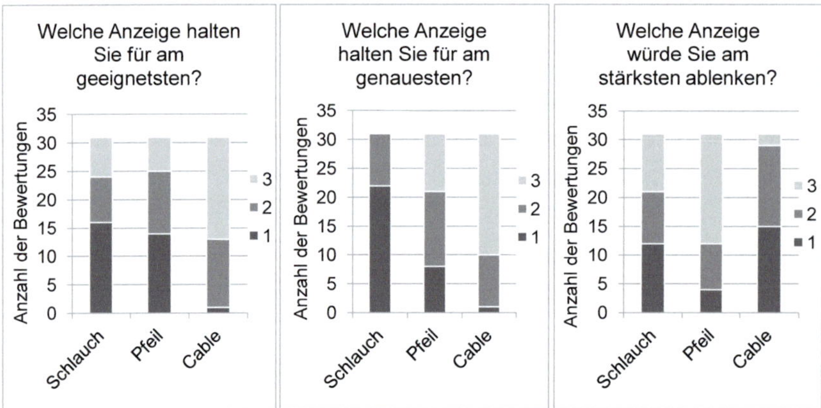

Abbildung 7.13: Ergebnisse der Rangreihenbildung zu den Navigationsanzeigekonzepten

Wie die Diagramme in Abbildung 7.13 zeigen, erweist sich die „Cable"-Darstellung als ungünstig. Die Probanden beurteilten sie als ungeeignet, ungenau und ablenkend. Dies resultiert möglicherweise aus dem Abstand der Anzeige zur Fahrbahn, der ein genaues Übertragen auf die Fahrbahn behindert und zu Blickabwendungen führen kann. Die Darstellungen „Schlauch" und „Pfeil" werden beide als geeignet betrachtet, unterscheiden sich aber stark in der Bewertung von Genauigkeit und Ablen-

kung. Die Schlauchdarstellung wird als genauer beurteilt als die Pfeildarstellung, der wiederum weniger Ablenkung zugesprochen wird.
Da die Probanden die Anzeigen in Form eines Videos beurteilten und bei der weiteren Umsetzung im Realfahrzeug die Sicherheit durch geringere Ablenkung wichtiger ist als die Genauigkeit der Anzeige, wurde die Pfeildarstellung weiter verfolgt. Diese Anzeige kommt auch in diesem Versuch als kontaktanaloge Anzeige zum Einsatz und wird einer konventionellen, abstrakten situationsanalogen Anzeige (HUD) gegenübergestellt.

7.2.2 Ziel des Versuches

Als Ableitung aus der beschriebenen Theorie werden folgende Hypothesen aufgestellt, die den Unterschied zwischen den kontaktanalogen und situationsanalogen Anzeigen herausstellen sollen:

H1: Mit der kontaktanalogen Navigationsdarstellung werden weniger Navigationsfehler gemacht als mit der herkömmlichen Navigationsdarstellung.

H2: Die kontaktanalogen Navigationsdarstellungen erzeugen eine niedrigere kognitive Aktivität im Navigationsmanöver als die herkömmlichen Navigationsdarstellungen.

H3: Der Workload beim Navigieren mit der kontaktanalogen Navigationsdarstellung ist niedriger als mit der herkömmlichen Navigationsdarstellung.

H4: Die kontaktanalogen Navigationsdarstellungen erzeugen weniger Ablenkung beim Navigieren als die herkömmlichen Navigationsdarstellungen.

H5: Es besteht kein Unterschied in der Verdeckung der Sicht durch die kontaktanaloge Navigationsdarstellung und die herkömmliche Navigationsdarstellung.

H6: Die kontaktanalogen Navigationsdarstellungen unterstützen den Fahrer im Abbiegemanöver stärker als die herkömmlichen Navigationsdarstellungen.

7.2.3 Versuchsaufbau

Der Versuch wird im statischen Fahrsimulator des Lehrstuhls für Ergonomie der Technischen Universität München durchgeführt. Der Simulator verfügt über eine 210°-Frontprojektion mit drei Projektoren und Leinwänden (Abbildung 7.14). Die Rückprojektion wird durch drei weitere Projektoren erzeugt. Das Fahrzeug im Simulator ist ein BMW 6er Cabrio (E64), das über CAN-Bus mit der Simulation verbunden ist. Die verwendete Simulationssoftware ist SILAB des Würzburger Instituts für Verkehrswissenschaften GmbH. Diese ermöglicht einen modularen Aufbau der Simulatorstrecke, die Definition der Verkehrssituationen und des Fremdverkehrs.

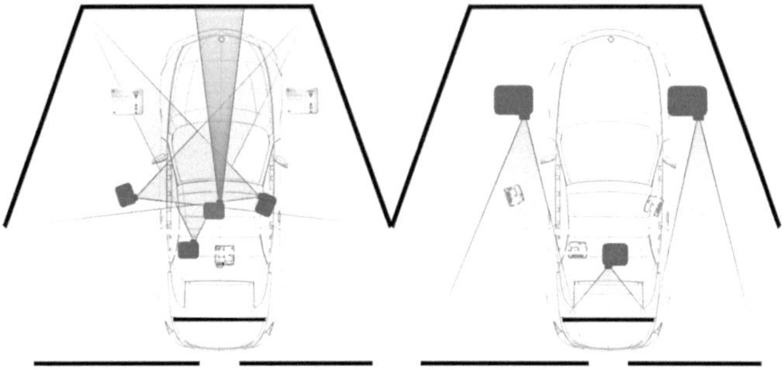

Abbildung 7.14: Aufbau des Fahrsimulators mit den Projektionen für die Fahrsimulation (gelb) und die Projektion für die Anzeigen (orange)

Die Anzeigen der HUDs werden über einen weiteren Projektor realisiert (Abbildung, orangefarbener Projektor). Im Fahrzeug des Simulators befindet sich zwar ein HUD, das die Anzeigen der konventionellen HUD-Darstellung übernehmen könnte, es wird aber aus Gründen der Vergleichbarkeit nicht verwendet. Das kHUD könnte hiermit nicht dargestellt werden und es soll keine Beeinflussungen der Probanden durch unterschiedliche Bildqualitäten entstehen. Das vom Projektor erzeugte Bild wird nur ausschnittsweise genutzt, um die gleiche Bildgröße und Position des realen Prototyps aus Kapitel 5.3 zu erzeugen. Für die Darstellung des konventionellen HUDs findet ebenso nur ein entsprechender Ausschnitt Verwendung. Die Projektion der kontaktanalogen Darstellung wird zudem auf die Simulationsdarstellung kalibriert, indem ein Muster im HUD und auf der Fahrbahn dargestellt und überlagert wird. Die Anzeigen werden auf einem PC mit der Software des Versuchsfahrzeugs erzeugt und über die Fahrzeugdaten des Simulators gesteuert.

Navigationssituationen

Für die Navigationsaufgabe wurden 8 Situationen ausgewählt, bei denen häufiger Navigationsfehler auftreten können. Diese Auswahl resultierte aus einer Expertenbefragung, da eine vollständige Analyse schwieriger Navigationssituationen aus versuchsökonomischen Gründen nicht vertretbar ist. Die Fülle an Situationen, die durch Ausnahmen in der RAS (Richtlinien für die Anlage von Straßen) möglich werden und auch andere Länder und Linksverkehr berücksichtigen müssten, ließe sich nur schwer erfassen oder gliedern. So dienen die 8 untersuchten Situationen lediglich als Beispiele für bestimmte Situationen. Sie lassen sich in Situationen unterscheiden, in denen die Schwierigkeit hauptsächlich in der Einschätzung der Entfernung zum Manöverpunkt liegt, und in Situationen, in denen die Navigationsrichtung wichtiger ist als der Manöverpunkt.

Situation „4er"

Die Situation „4er" beschreibt eine Auffahrt auf eine baulich getrennte Hauptstraße. Das Navigationsmanöver soll hier nach links ausgeführt werden. Die ersten beiden Straßen sind Abfahrten der Hauptstraße, die mit einem Durchfahrtsverbot gekennzeichnet sind. Die beiden darauffolgenden Straßen sind die Zubringer für die Auffahrten zur Hauptstraße. In der Simulation wurde auf die Hauptstraße verzichtet und es führen alle Straßen wieder zusammen. Diese Anordnung wurde gewählt, da ein falsches Abbiegemanöver nicht bemerkt wird und man wieder auf die Versuchsstrecke gelangt. Abbildung 7.15 zeigt die Situation, wobei das Panorama die Situation vor den beiden einzubiegenden Straßen zeigt.

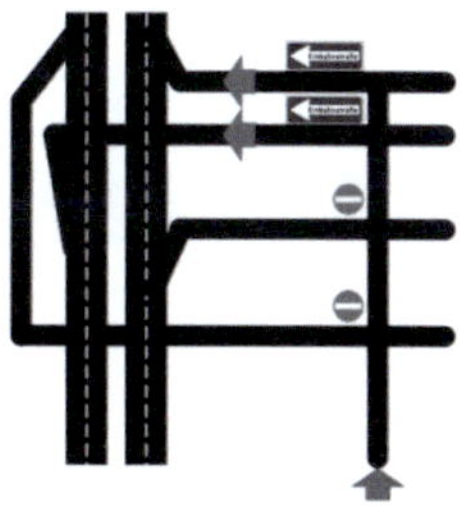

Abbildung 7.15: Situation „4er" (oben) und 180°-Panorama der Situation mit beiden Anzeigekonzepten (unten)

Der Verkehr in dieser Situation befindet sich nur auf der Gegenseite und kann das Abbiegemanöver deshalb nicht behindern. Die Schwierigkeit dieser Situation liegt in der richtigen Einschätzung der Entfernung zum Manöverpunkt. Da die Entfernung der Straßen, in der Realität wie auch in der Simulation, nur 7 m beträgt, ist es wahrscheinlich mit beiden Anzeigekonzepten schwierig, hier abzubiegen. Die kleinste angezeigte Entfernung in herkömmlicher Darstellung beträgt 10 m, noch dazu können die Schwankungen der kontaktanalogen Anzeige durch bremsinduziertes Nicken auch größer sein.

Situation „Parkplatz“

Die Situation „Parkplatz“ ist ein klassisches Beispiel für eine schwierige Entfernungseinschätzung zum Manöverpunkt. Sie gestaltet sich aufgrund von nur zwei Straßen etwas weniger komplex als die „4er“, ist aber durch eine Rechts-Abbiegung weniger gut einzusehen. Da die Straßen etwas weiter auseinanderliegen, wird die Interpretation der Anzeigen vereinfacht. In dieser Situation treten zusätzlich Fußgänger auf, die zu beachten sind. Der Fremdverkehr behindert das Abbiegen hier ebenfalls nicht.

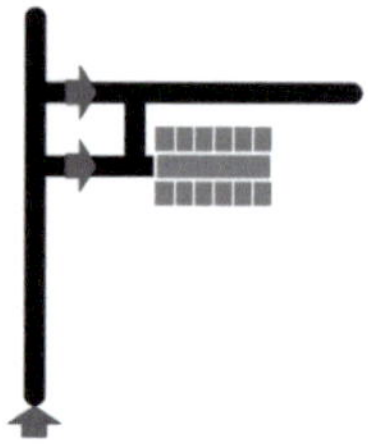

Abbildung 7.16: Situation „Parkplatz“ (oben) und 180°-Panorama der Situation mit beiden Anzeigekonzepten (unten)

Situation „2er“

Der Aufbau der Situation „2er“ ähnelt der Situation „Parkplatz“ mit dem Unterschied, dass nicht gerade auf die Abbiegesituation zugefahren wird, sondern in einer Kurve. Dies führt bei der kontaktanalogen Darstellung dazu, dass der Pfeil nicht auf der Straßenmitte angezeigt wird, sondern sich von rechts in Richtung Fahrbahnmitte bewegt. Diese Situation ist so gewählt, um zu prüfen, ob die Abweichung von der kontaktanalogen Anzeige zur entfernungskorrekten Anzeige Interpretationsschwierigkeiten hervorruft.

Abbildung 7.17: Situation „2er“ (oben) und 180°-Panorama der Situation mit beiden Anzeigekonzepten (unten)

Situation „5er“

Die Situation „5er“ ist eine Kreuzung mit einer weiteren Straße. Die Schwierigkeit in dieser Situation besteht mehr im Interpretieren des Pfeiles zur Bestimmung der Abbiegerichtung als im Einschätzen der Entfernung zum Manöverpunkt. Der kontaktanaloge Pfeil ist hier zwischen links und halb links abbiegen nur ca. eine Fahrbahnbreite weiter entfernt. Diese Situation soll klären, ob der kontaktanaloge Pfeil und eine nicht erforderliche Blickabwendung das Interpretieren der Pfeilrichtung erleichtern. In dieser Situation ist Verkehr vorhanden, der jedoch keine Vorfahrt hat.

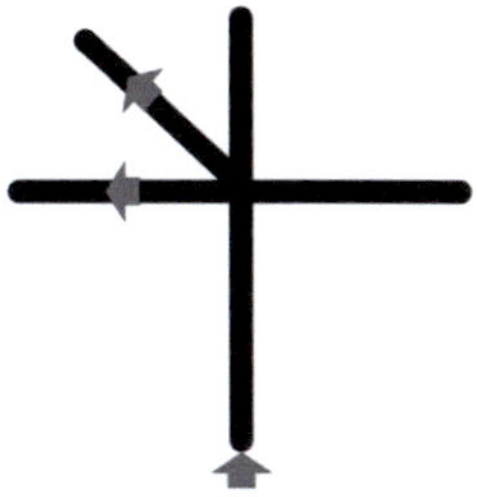

Abbildung 7.18: Situation „5er“ (oben) und 180°-Panorama der Situation mit beiden Anzeigekonzepten (unten)

Situation „Hauptstraße“

Diese Situation besteht aus einer abknickenden Hauptstraße, von der halb links und links eine Nebenstraße abzweigt. Aus etwas größerer Entfernung wirkt die Nebenstraße „halb links“ wie geradeaus und die Hauptstraße wie eine Abbiegung nach rechts. Angezeigt werden hier die Navigationspfeile „halb links“ und „links“ (vgl. Abbildung 7.22), wie sie der Situation direkt im Manöverpunkt entsprechen. In der kontaktanalogen Darstellung liegen die Pfeile nur in geringfügig unterschiedlicher Entfernung, während die Schwierigkeit in der Interpretation der Pfeilrichtungen besteht.

Abbildung 7.19: Situation „Hauptstraße“ (oben) und 180°-Panorama der Situation mit beiden Anzeigekonzepten (unten)

Situation „Ungererstr."

Die Situation Ungererstr. ergibt sich aus einer vierspurigen, baulich getrennten, innerstädtischen Straße mit Grünstreifen. Es erfolgt eine Abbiegung nach links, bei der einige Meter davor eine Verbindung im Grünstreifen zum Wenden gegeben ist. Anhand dieser Situation soll getestet werden, ob die Fahrer die Entfernung zum Manöverpunkt richtig einschätzen. Das mögliche falsche Manöver bestünde in einem Abbiegen in den Wendepunkt.

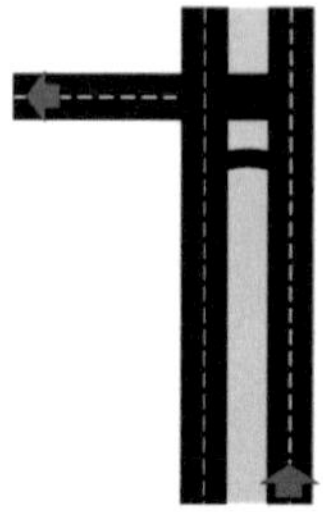

Abbildung 7.20: Situation „Ungererstr." (oben) und 180°-Panorama der Situation mit beiden Anzeigekonzepten (unten)

Situation „Autobahn 1"

Die Situation „Autobahn 1" (AB1) besteht aus einem Spurwechsel auf eine parallele Spur, von der zwei Ausfahrten abgehen. Nach der Navigationsansage und -anzeige erscheint jedoch noch ein Beschleunigungsstreifen von einem Parkplatz, der kurz vor dem Verzögerungsstreifen endet (Abbildung 7.21). Die Schwierigkeit liegt bei dieser Situation in der Entfernungseinschätzung und im Zeitdruck der Aufgabe, da mit höheren Geschwindigkeiten gefahren wird als in der Stadt (Tempolimit 100 km/h). Als Navigationsfehler könnte hier ein Verwechseln des Beschleunigungsstreifens mit dem Verzögerungsstreifen der Ausfahrt auftreten.

Situation „Autobahn 2"

Die Situation „Autobahn 2" (AB2) stellt dem Probanden zwei mögliche Ausfahrten von einem separaten Fahrstreifen zur Wahl, die durch ein Schild angekündigt werden. Das Navigationsproblem besteht hier in der Entfernungseinschätzung unter Zeitdruck, da hier noch ca. 80 km/h gefahren werden.

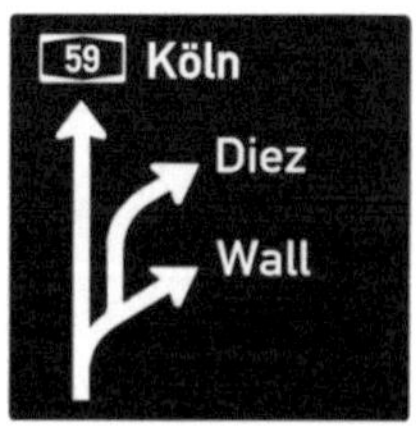

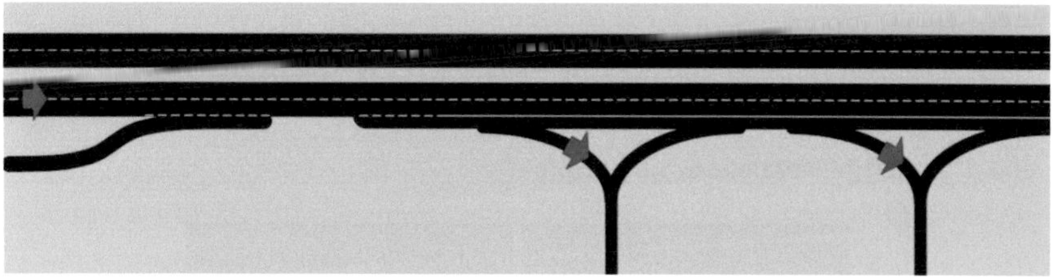

Abbildung 7.21: Schild, das die Ausfahrten ankündigt (oben), und die Situationen „Autobahn1" und „Autobahn2" (unten)

Versuchsstrecken

Aus den einzelnen Situationen wurden zwei Versuchsstrecken zusammengebaut, die immer auf einer Landstraße starteten, die in die Stadt führt. Diese Landstraße diente der Eingewöhnung an den Simulator. In der Stadt erfolgten dann sechs der Situationen die – wie in Tabelle 7.1 dargestellt – aufeinanderfolgten.

Tabelle 7.1: Zusammensetzung der Versuchsstrecken aus den Einzelsituationen und den Abbiegepunkten

Strecke 1		Strecke 2	
4er	2.	4er	1.
Parkplatz	2.	2er	2.
2er	1.	Parkplatz	1.
5er	2.	Hauptstraße	2.
Ungerer	2.	Ungerer	2.
Hauptstraße	1.	5er	1.
Autobahn 1	2.	Autobahn 1	2.
Autobahn 2	1.	Autobahn 2	2.

Auf den beiden Strecken wurden nicht nur Situationen und Abbiegepunkte vertauscht, sondern auch die Zwischenstücke und das gesamte Aussehen der Strecke geändert. Häuser, deren Aussehen und Bepflanzungen wurden variiert, um Lerneffekte in Bezug auf die Situationen zu minimieren. Auf die Stadtdurchfahrt folgte wieder eine Landstraße, die in eine Autobahn mündete. Auf diesem Abschnitt sollten sich die Probanden etwas erholen, um Simulatorsickness vorzubeugen. Auf der Autobahn schlossen sich dann die Situationen „Autobahn 1&2" an.

Anzeigen und deren Verhalten

Die verwendeten Anzeigekonzepte werden vom gleichen Projektor erzeugt und mit jeweils gleichen Farben und Schriftgrößen dargestellt. Dies soll die Anzeigekonzepte vergleichbarer machen und hedonische (emotionsorientierte) Effekte minimieren, um ausschließlich Unterschiede der abstrakten, symbolischen Anzeige im HUD und der kontaktanalogen Anzeige aufzuzeigen. Beide verfügen zur Navigationsdarstellung zusätzlich über einen Digitaltacho, um ablenkende Blicke ins Kombiinstrument während des Abbiegevorgangs zu vermeiden.

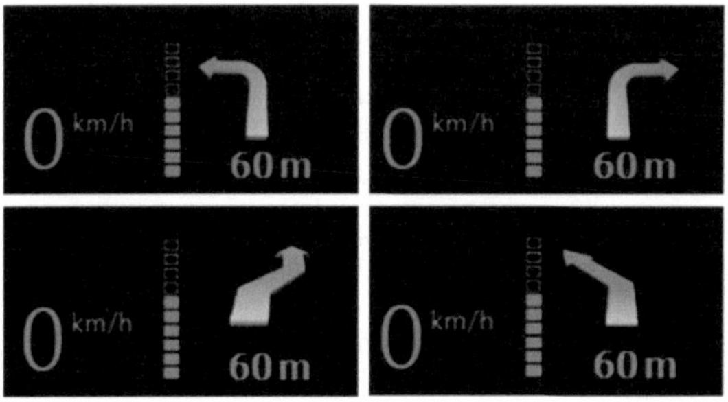

Abbildung 7.22: Darstellungen im HUD für die Navigationsanweisungen links, rechts, Spurwechsel und halb links

Die Darstellung im HUD ist herstellerneutral, zeigt aber typische, häufig verwendete Inhalte. Sie ist aus dem eigentlichen Navigationspfeil, einer Distanzanzeige und einem Ablaufbalken aufgebaut. Der Navigationspfeil zeigt die Richtungen in links, rechts, halb links und Spurwechsel an (Abbildung 7.22). Die Distanzanzeige ist im Bereich über 100 m auf 50 m gerundet, darunter auf 10 m. Der Ablaufbalken besteht aus 10 Kästchen, die jeweils 10 m zum Manöverpunkt angeben, wobei die gefüllten Kästchen die noch zu fahrende Strecke repräsentieren.

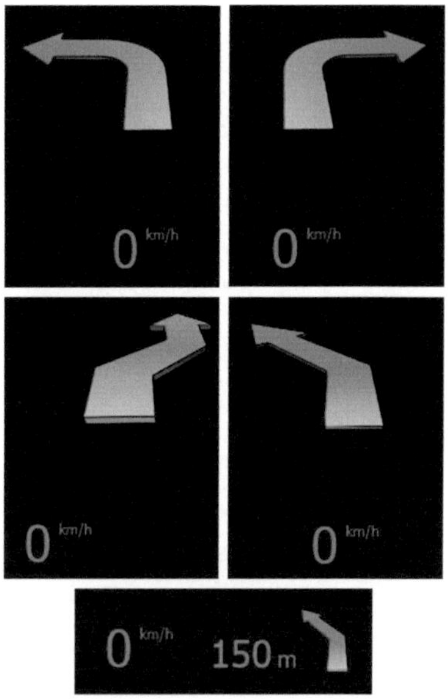

Abbildung 7.23: Darstellungen im kontaktanalogen HUD für die Navigationsanweisungen links, rechts, Spurwechsel, halb links und statische Navigationsanzeige (unten)

Die kontaktanaloge Anzeige beginnt ab einer Entfernung von 110 m. Für Entfernungen über 90 m kommt die gleiche Darstellung wie im HUD-Konzept zum Einsatz, nur ohne den Ablaufbalken (Abbildung 7.23). Dies dient als Voranzeige zur Vorbereitung auf das kommende Manöver, da eine kontaktanaloge Anzeige in so großen Entfernungen nicht sichtbar ist. Im Bereich von 110–90 m werden beide Anzeigen verwendet, unter 90 m nur die kontaktanaloge (Abbildung 7.21). Der Wechsel der Anzeigen geschieht durch Ausblenden und somit ohne Animation, um die Bewertung der Anzeige nicht durch Animationen zu beeinflussen. Wie in Kapitel 6.2.2 ausgeführt gilt es, verschiedene Kompromisse für die kontaktanaloge Navigationsdarstellung in kleinen virtuellen Bildern einzugehen. Dieser Versuch wich von einer rein kontaktanalogen Darstellung ab und griff auf eine entfernungskorrekte Darstellung mit einer situationsanalogen Voranzeige zurück. Diese wechselt nur einmal ihre Darstellungsart, kommt am besten mit dem kleinen virtuellen Bild zurecht und ist für den Benutzer am einfachsten zu verstehen. Dies bedeutet, dass der Pfeil nicht immer auf der Mitte der eigenen Spur liegt, sondern Querbewegungen des eigenen Fahrzeugs mitmacht und so auch ganz von der Straße verschoben werden kann. Der Pfeil befindet sich aber in der korrekten Entfernung zum Manöverpunkt.

Abbildung 7.24: HUD-Anzeige (links) und kontaktanaloge Anzeige (rechts) aus Fahrersicht

Datenaufzeichnung

Um die aufgestellten Hypothesen zu evaluieren, werden im Versuch Daten aufgezeichnet und Befragungen durchgeführt. Zur Bestimmung der mentalen Beanspruchung wird der ICA (Index of Cognitive Activity) gemessen, der einen Pupillometriewert wiedergibt, der die kognitive Belastung anhand von Änderungen im Pupillendurchmesser bestimmt. Dafür werden nur bestimmte Frequenzen der Pupillenänderungen herangezogen und auf diese Weise Änderungen, die durch Helligkeitsunterschiede auftreten, herausgefiltert. Zur Bestimmung des ICA wird das Eyetrackingsystem EyeLink II von SR Research eingesetzt. Im Vorversuch zeigte sich, dass der ICA5sec-Wert ein gutes Maß für die Auswertung der Abbiegesituationen darstellt. Dieser Wert gibt prozentual an, wie viele signifikante, durch kognitive Beanspruchung induzierte Änderungen des Pupillendurchmessers in den letzten 5 sec auftraten.

Die am Eyetrackingsystem angebrachte Szenenkamera zeichnete ein Blickvideo auf, anhand dessen bei der anschließenden Analyse die Navigationsfehler gezählt wurden. Weiterhin wurden Fahrdaten sowie die Distanzen zum Manöverpunkt aus der Simulation aufgezeichnet. Die Befragung der Probanden nach ihrem empfundenen Workload erfolgte mit dem NASA-TLX-Fragebogen. Zusätzliche Fragen zur Unterstützung, Verdeckung und Ablenkung durch die Anzeige dienten der Überprüfung entsprechender Hypothesen.

7.2.4 Versuchsablauf

Der Versuch erfolgte mit einer abhängigen Stichprobe, in deren Rahmen sowohl die Anzeigekonzepte als auch die Versuchsstrecken permutiert wurden.

Abbildung 7.25: Versuchsablauf

Der Versuch begann mit der Kalibrierung des EyeLink-Systems, darauf folgte die Einweisung der Probanden in den Versuch (Abbildung 7.25), indem ihnen die Navigationsaufgabe und das Anzeigekonzept erläutert wurden. Sie sollten den Navigationsanweisungen möglichst genau folgen und ohne Anweisung geradeaus fahren. Die Audioansage lautete immer „demnächst rechts/links abbiegen". Darauf folgte die Fahrt mit Strecke und Anzeige nach dem Permutationsplan. Am Ende der Strecke beantworteten die Probanden den NASA-TLX-Fragebogen und die Zusatzfragen (siehe Anhang). Vor der Fahrt auf der nächsten Strecke wurde den Probanden wieder das neue Anzeigekonzept erläutert, gefolgt von den Fragebögen am Ende der Strecke.

Die Fahrdauer pro Strecke betrug ca. 13 min, während der gesamte Versuch ca. 35 min in Anspruch nahm.

Tabelle 7.2: Permutationstabelle

VP1	Strecke 1 kHUD	Strecke 2 HUD
VP2	Strecke 2 kHUD	Strecke 1 HUD
VP3	Strecke 1 HUD	Strecke 2 kHUD
VP4	Strecke 2	Strecke 1

Die Probanden für diesen Versuch wurden nach ihrer Simulatortauglichkeit ausgewählt. Dies war erforderlich, da Stadtdurchfahrt und Abbiegemanöver vermehrt Simulatorsickness (Übelkeit und Kopfschmerzen) hervorrufen. Das Tragen des massiven EyeLink Eyetrackers unterstützte diesen Effekt noch zusätzlich. Aus dem Versuch konnten 12 Probanden ausgewertet werden. Ihr Alter betrug 28,6 ± 2,4 Jahre, 66 % wiesen bereits HUD-Erfahrung auf und 42 % (5 Personen) verfügen über ein Navigationssystem im eigenen Fahrzeug, das 4 Probanden mehrmals jährlich und 1 Person mehrmals monatlich nutzen.

7.2.5 Ergebnisse

Für die statistischen Auswertungen der Ergebnisse wird das Signifikanzniveau auf 5 % festgelegt.

Navigationsfehler

Die Hypothese H1 „Mit der kontaktanalogen Navigationsdarstellung werden weniger Navigationsfehler gemacht als mit der herkömmlichen Navigationsdarstellung“ wird anhand der aufgetretenen Fehler während der Navigationsaufgabe geprüft. Zu den Fehlern zählen hier ein Abbiegen in die falsche Straße sowie kein Abbiegen, also das Übersehen des Manövers. Mit dem kHUD-Anzeigekonzept wurden im Mittel 0,92 ± 0,79 Fehler gemacht (das entspricht 11 % Falschabbiegungen), mit dem HUD-Anzeigekonzept hingegen 2,5 ± 1,31 (29 %). Der t-Test bei abhängiger Stichprobe ($t(11)=3.08$, $p=.005$) ergibt, dass der Wert des kHUD signifikant kleiner ist.

Betrachtet man die Navigationsfehler differenziert nach den unterschiedlichen Situationen (Abbildung 7.26), so zeigt sich, dass in den Situationen, bei denen es vornehmlich auf die Distanz zum Manöverpunkt ankam, hauptsächlich Fehler mit der HUD-Darstellung gemacht wurden.

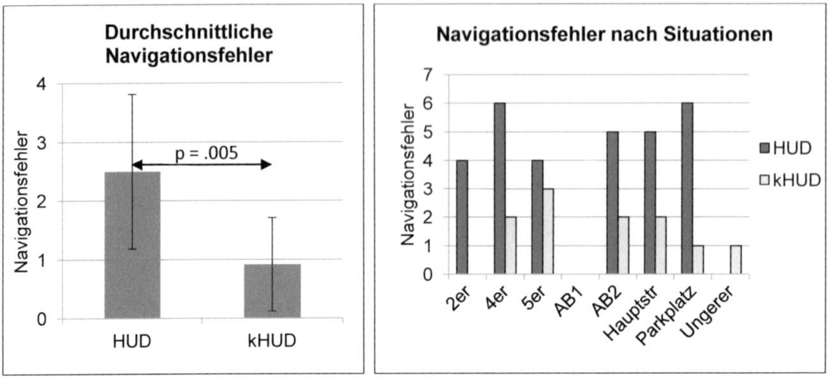

Abbildung 7.26: Durchschnittliche Navigationsfehler und Navigationsfehler nach Situationen

Daraus lässt sich schließen, dass die kHUD-Darstellung für derartige Anforderungen besser geeignet ist. Besonders in der Situation „5er", aber auch in der Situation „Hauptstraße" passierten verhältnismäßig viele Fehler mit der kHUD-Darstellung. Hier lag die Schwierigkeit auch in der Interpretation der Pfeilrichtung.

ICA

Die Hypothese H2 „Die kontaktanaloge Navigationsdarstellung erzeugt eine niedrigere kognitive Aktivität im Navigationsmanöver als die herkömmliche Navigationsdarstellung" soll anhand des aufgezeichneten ICA-Wertes geprüft werden, indem er mit den Entfernungen zum Manöverpunkt, die der Fahrsimulator liefert, synchronisiert wird. Abbildung 7.27 zeigt diese beiden Werte im Diagramm. Das Navigationsmanöver beginnt für den Fahrer mit der Ansage und der entsprechenden Anzeige, die der Wert „Entfernung zum Manöverpunkt" auslöst (lokales Maximum des grünen Graphen). Das Abbiegemanöver dauert solange, bis der Fahrer über den Manöverpunkt gefahren ist (Nulldurchgang des grünen Graphen). Je nach Situation und Proband liegt die maximale kognitive Aktivität vor, genau am oder nach dem Manöverpunkt. Dies hängt zum einen davon ab, wann sich der Proband mit dem Manöver beschäftigt, zum anderen resultiert das daraus, dass der ICA_5sec-Wert ein Mittel der letzten 5 sec wiedergibt und somit verzögerungsbehaftet ist. Für die Auswertung wird immer das lokale Maximum des ICA_5Sec in diesem Zeitraum ermittelt (rote Kreise). Das Maximum wird benutzt, da sich der Fahrer zu einem bestimmten Zeitpunkt mit der Aufgabe, die Navigationsanweisung auf die Realität zu übertragen, beschäftigt. Ein über das gesamte Abbiegemanöver gemittelter Wert würde die Anfahrt zur

Abbiegesituation mit einbeziehen, die unterschiedlich lang dauern kann, während der Fahrer hier noch zusätzlich durch andere Aspekte abgelenkt sein kann.

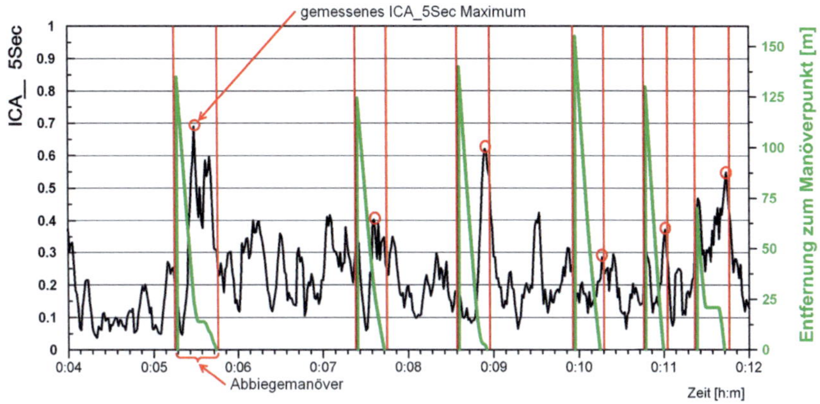

Abbildung 7.27: Auswertung der kognitiven Aktivität: Verlauf des ICA_5Sec-Wertes (schwarz) und der Entfernung zum Manöverpunkt (grün). Die roten Kreise zeigen die lokalen Maxima der ICA_5Sec-Werte während des Abbiegemanövers.

Die ICA_5Sec-Werte der kHUD-Darstellung (0.236 ± 0.124) sind im Vergleich zur HUD-Darstellung (0.263 ± 0.137) signifikant niedriger ($t(11) = 0.75$, $p = .045$). Folglich kann die Hypothese angenommen werden (Abbildung 7.28).

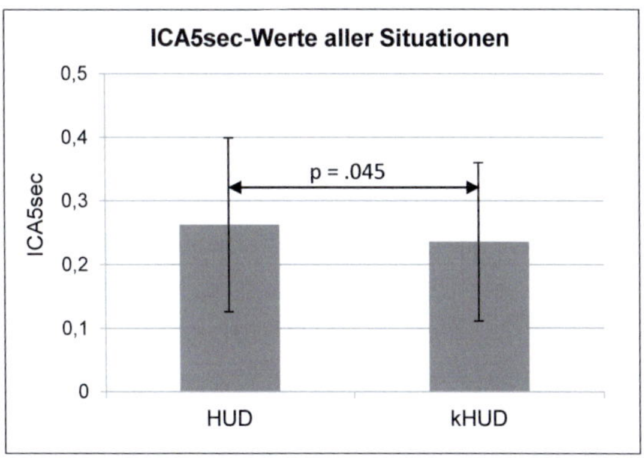

Abbildung 7.28: Ergebnisse zur kognitiven Aktivität: Mittelwerte der lokalen Maxima der ICA_5sec während der Abbiegemanöver

NASA-TLX

Die Hypothese H3 „Der Workload beim Navigieren mit der kontaktanalogen Navigationsdarstellung ist niedriger als mit der herkömmlichen Navigationsdarstellung" wird anhand der ungewichteten NASA-TLX OWI getestet. Für die kHUD-Darstellung ergibt sich ein durchschnittlicher OWI von 37.71 ± 9.61, für die HUD-Darstellung ein durchschnittlicher OWI von 43.06 ± 11.61. Der t-Test (t(11) = 1.303, p =.11) erlaubt hier keine statistische Aussage.

Verdeckung, Ablenkung und Unterstützung durch die Anzeige

Die Hypothese H4 „Die kontaktanaloge Navigationsdarstellung erzeugt weniger Ablenkung beim Navigieren als die herkömmliche Navigationsdarstellung" kann angenommen werden, da bei der Frage, ob die Anzeige ablenkend wirkt, der Unterschied t(11) = −2.24, p = 0.02 signifikant ist.

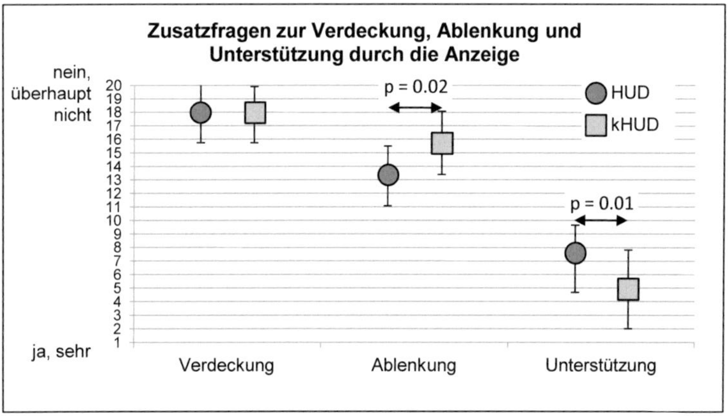

Abbildung 7.29: Darstellung der Ergebnisse der Fragen zur Verdeckung, Ablenkung und Unterstützung durch die Anzeige

Bei der Verdeckung durch die Anzeigen ergeben sich fast gleiche Werte mit dem kHUD von 17.8 ± 2.69 und dem HUD von 17.8 ± 2.08. Die Hypothese H5 „Es besteht kein Unterschied in der Verdeckung der kontaktanalogen Navigationsdarstellung und der herkömmlichen Navigationsdarstellung" kann somit angenommen werden. Die Unterstützung durch die Anzeige des kHUD (4.92 ± 2.91) wird signifikant besser bewertet (t(11) = 2.51, p =.01) als diejenige durch die HUD-Darstellung (7.58 ± 2.39) (Abbildung 7.29). Folglich kann auch die Hypothese H6 „Die kontaktanaloge Navigationsdarstellung unterstützt den Fahrer im Abbiegemanöver stärker als die herkömmliche Navigationsdarstellung" angenommen werden.

7.3 Engstellenunterstützung

Die umgesetzte Anzeige zur Engstellenunterstützung zeigt mit einer Vorausschau die Dynamik des Fahrzeugs an. Sie besteht aus einem Querbalken in der Breite des eigenen Fahrzeugs, der sich auf der aktuellen Bahnkurve des eingeschlagenen Kurses in einem Abstand von einer Sekunde befindet. Der Balken entspricht somit der Position des eigenen Fahrzeugs in einer Sekunde, sofern in dieser Zeit der Kurs nicht geändert wird. Diese Bahnkurve kann mit dem linearen Einspurmodell berechnet werden (Abbildung 7.30). Es beschreibt eine Modellvorstellung, bei der zweispurige Fahrzeuge auf eine einzelne Spur vereinfacht werden.

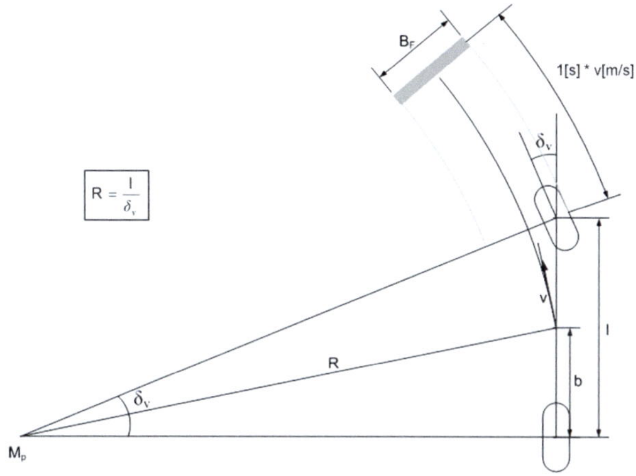

Abbildung 7.30: Berechnung der Position des eigenen Fahrzeugs in einer Sekunde (grüner Balken) mithilfe des linearen Einspurmodells nach [28]

Diese Anzeige kann somit die Wahrnehmbarkeit der Bewegung des eigenen Fahrzeugs verbessern [6] (vgl. Kapitel 2.1). Dieser Versuch soll klären, ob eine Vorhersage der Dynamik des Fahrzeugs die Führung des Fahrzeugs verbessert.

7.3.1 Ziel des Versuches

Verbessert die Vorhersage der Dynamik des Fahrzeugs die Führung des Fahrzeugs, müsste sich dies im Falle einer Engstelle in einer verbesserten Spurhaltung auswirken. Zusätzlich könnte diese Anzeige den Fahrer bei seiner Spurhalteaufgabe entlasten. Hieraus ergeben sich für den Versuch folgende Forschungshypothesen:

H1: Die Spurhaltegüte wird durch die Anzeige des Balkens verbessert.

H2: Der Workload wird bei der Spurhaltung mit der Balkenanzeige verringert.

H3: Die Balkenanzeige wirkt nicht ablenkend.

H4: Die Balkenanzeige führt zu keiner Verdeckung.

7.3.2 Versuchsaufbau

Der Versuch wird im statischen Fahrsimulator des Lehrstuhls für Ergonomie der Technischen Universität München durchgeführt, der schon in Kapitel 4.3.2 beschrieben wurde. Die Darstellung der kontaktanalogen Anzeige erfolgte ebenfalls über die beschriebene HUD-Simulation.

Die Versuchsstrecke ist eine zweispurige Autobahn, auf der nach ca. 2,5-minütiger Fahrt eine Baustelle folgt, die durch ein Schild und ein Tempolimit von 80 km/h angekündigt wird. Innerhalb der Baustelle ist die linke Spur gesperrt, während sich die bestehende Spur auf 2,5 m verengt. Daraufhin folgte ein Wechsel auf den linken Fahrstreifen und nach einiger Zeit wieder ein Wechsel zurück auf den rechten, vor dem Ende der Baustelle (Abbildung 7.31). Die Spuren der Baustelle sind durch gelbe Linien markiert und seitlich durch Warnbaken begrenzt (Abbildung 7.31).

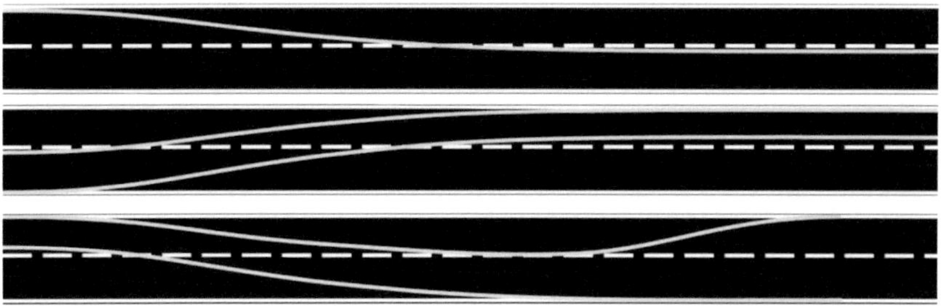

Abbildung 7.31: Verlauf der der Autobahnbaustelle: Anfang (oben), mittlerer Spurwechsel (Mitte) und Spurwechsel zum Ende (unten)

Die Balkenanzeige ist wie folgt gestaltet: Mit einer Breite von 2,03 m entspricht der Balken der Fahrzeugbreite mit Außenspiegeln. Seine Position spiegelt die Position des Fahrzeugs in einer Sekunde im statischen Fall wider. Führt also der Fahrer keine Lenkbewegungen durch und beschleunigt oder bremst er nicht, befindet sich sein Fahrzeug an der Position des Balkens, die aus dem linearen Einspurmodell der Fahrdynamik errechnet wird. Zusätzlich erscheint ein Digitaltacho, damit der Fahrer nicht gezwungen ist, in dieser Situation einen Blick nach unten ins Kombiinstrument zu werfen (Abbildung 7.32).

Zur Bestimmung der Spurhaltegüte wird der Abstand der Fahrzeugmitte zur Mitte der gelben Spur gemessen. Hieraus ergibt sich dann die Standardabweichung als Spurhaltegüte. Nach jeder Durchfahrt der Baustelle wird der NASA-TLX-Fragebogen ausgefüllt sowie Zusatzfragen gestellt.

Abbildung 7.32: Balkenanzeige innerhalb der Autobahnbaustelle

7.3.3 Versuchsablauf

Der Versuch fand direkt im Anschluss an den Versuch aus Kapitel 7.2 statt, weshalb ein längeres Einfahren im Simulator nicht notwendig war. Zu Beginn wurde den Probanden ihre Aufgabe erläutert: das Durchfahren einer engen Autobahnbaustelle, die nach einiger Zeit auf der Autobahn zu erwarten sei. Die Anzeigen wurden im Versuch permutiert, sodass entweder zuerst mit dem Balken als Anzeigekonzept gefahren wurde oder nur mit dem Digitaltacho (Abbildung 7.33). Im ersten Fall wurden die Probanden nach Erläuterung der Funktion aufgefordert, auf der Autobahn ohne Baustelle zuerst noch einige Spurwechsel durchzuführen, um die Dynamik der Anzeige kennenzulernen. Am Ende jeder Baustelle hielten die Fahrer an und füllten die Fragebögen aus.

Am Versuch nahmen 13 Probanden in einem Alter von 28,4 ± 2,4 Jahren teil, darunter 12 männliche und ein weiblicher Teilnehmer, 69 % der Probanden verfügten bereits über HUD-Erfahrung.

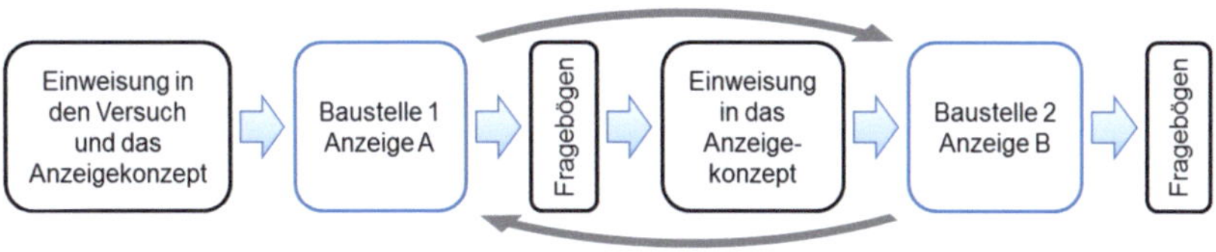

Abbildung 7.33: Versuchsablauf

7.3.4 Ergebnisse

Trotz der unvollständigen Permutation wurden alle Probanden ausgewertet, da sich kein Lerneffekt von der ersten zur zweiten Durchfahrt durch die Baustelle zeigte: Im Mittel lagen die Standardabweichungen bei der ersten Durchfahrt bei 0,2366 ± 0,0689 m und in der zweiten Durchfahrt bei 0,2455 ± 0,0654 m. Das Signifikanzniveau für die statistische Auswertung dieses Versuches wird auf 5 % festgelegt.

Die Bewertung der Spurhaltegüte erfolgt durch die Auswertung der Standardabweichung des Fahrzeugs von der lateralen Position (Abbildung 7.34), die ab Einfahrt in die Baustelle bis zu ihrer Ausfahrt gemessen wird. Die Standardabweichung der Fahrt ohne Anzeige betrug 0.26 m ± 0.069, änderte sich mit der Anzeige des Balkens jedoch auf 0.23 m ± 0.06. Die entspricht einer signifikanten Verbesserung ($t(13) = 1.79$, $p = .049$), weshalb die Hypothese H1 „Die Spurhaltegüte wird durch die Anzeige des Balkens verbessert“ angenommen werden kann.

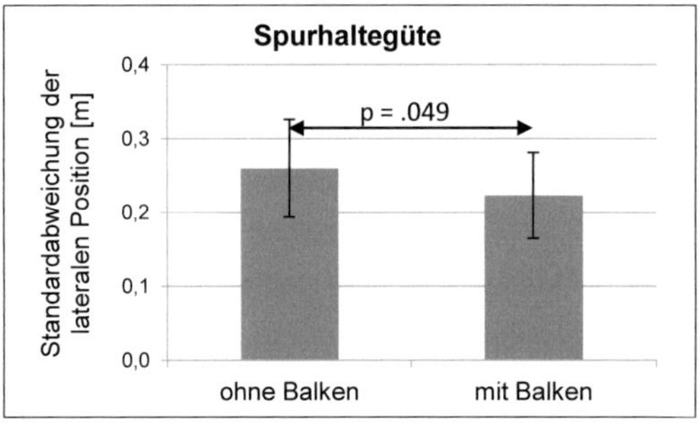

Abbildung 7.34: Standardabweichung der lateralen Spurposition

Die Betrachtung des Workload während der Spurhalteaufgabe liefert für die Fahrt ohne Anzeige einen NASA TLW OWI von 25.83 ± 11.88 und mit der Balkenanzeige 21.81 ± 9.81. Zu der Hypothese H2 „Der Workload wird bei der Spurhaltung mit der Balkenanzeige verringert“ ist keine statistische Aussage möglich ($t(12) = 0.624$, $p = .272$).

Zusatzfragen

Die Zusatzfragen zur Anzeige ergeben für die Verdeckung durch den Querbalken einen recht geringen Mittelwert von 15.9 ± 4.76. Die Standardabweichung zeigt hier jedoch eine große Streuung in dieser Bewertung (Abbildung 7.35). Die empfundene

Ablenkung und Unterstützung durch die Anzeige wird eher neutral beurteilt, wobei die Standardabweichungen hier noch größer ausfallen.

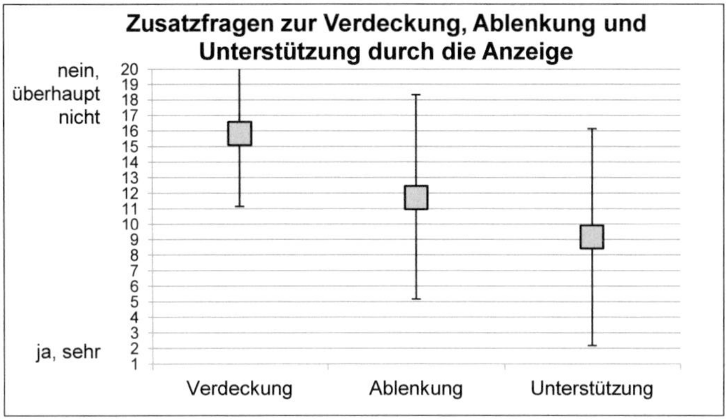

Abbildung 7.35: Darstellung der Ergebnisse der Fragen zur Verdeckung, Ablenkung und Unterstützung durch die Anzeige

Die hohe Standardabweichung resultiert daraus, dass sich einige Probanden sehr durch die Anzeige abgelenkt fühlten bzw. unterstützt fühlten und andere wiederum überhaupt nicht. In der Bewertung der Ablenkung und Unterstützung kreuzten ca. 2/3 der Probanden Werte ≤ 5 und ≥ 15 an – diese Art der Anzeige polarisiert die Probanden demzufolge sehr.

8 Ausblick

Diese Arbeit untersucht die Potenziale eines kHUDs für den Serieneinsatz technologisch und ergonomisch. Durch die Entwicklung eines seriennahen Prototypen konnte das bisher größte Problem des kontaktanalogen Head-up Displays, nämlich der beanspruchte Bauraum, durch massive Verkleinerung gelöst werden. Dieser Schritt ist jedoch nur einer von weiteren, die erfolgen müssen, um diese Technologie in ein Serienfahrzeug integrieren zu können. Somit verbleiben noch einige Herausforderungen für die Vor- und Serienentwicklung der Automobilhersteller, die im Folgenden kurz dargestellt werden.

Um zusätzlichen Bauraum im Fahrzeug für das kHUD zu schaffen, wurde im Versuchsträger auf die Luftkanäle zum linken Mannanströmer verzichtet. Zudem wurde das Kombiinstrument zu Gunsten eines größeren Bauraums um 30mm Richtung Fahrer versetzt. Letztere Maßnahme führt zu einer schlechteren Ablesbarkeit des Kombiinstruments. Um diesen Zielkonflikt aufzulösen, können LCD-Displays ohne Zeigermechanik eingesetzt werden, die nur eine sehr geringe Bautiefe besitzen. Aber auch Projektionslösungen für das Kombiinstrument, bei denen aus Richtung der Lenksäule auf eine Leinwand projiziert wird, könnten die Bautiefe an dieser Stelle minimieren.

Die für die Versuche entworfenen Anzeigen im kHUD wurden zwar anschließend weiter optimiert, es konnten schlussendlich aber keine universellen Regeln zur Gestaltung kontaktanaloger Anzeigen aufgestellt werden. Vielmehr kann ein iteratives Verfahren empfohlen werden, das die Anzeigen immer wieder gegen die Gestaltregeln und die bevorzugte Interpretation visueller Reize (3.1.4) prüft. Durch die Gestaltregeln können Anzeigen mit Objekten in der Umwelt verknüpft werden, wie die Markierung eines Fahrzeugs mittels des Prinzips der Ähnlichkeit („Ähnlich aussehende Objekte werden gruppiert“) sowie des Prinzips des gemeinsamen Schicksals („Dinge werden als Gruppe gesehen, wenn sie sich in die gleiche Richtung bewegen“). Die bevorzugte Interpretation visueller Reize hingegen hilft, die Anzeigen richtig in der Umwelt zu verorten. Besonders hervorzuheben ist hier die Unterlagenregel „Gegenstände liegen im Allgemeinen auf ihrer Unterlage auf“, denn eines der stärksten monokularen Tiefenkriterien für den Fahrer ist die Perspektive der Straße. Somit ist es für den Fahrer leichter die Entfernung eines Objektes zu schätzen, das auf der Fahrbahnoberfläche aufliegt als die Entfernung eines Objektes, das darüber schwebt. Es kann beispielhaft gesagt werden, dass es einfacher ist, die Entfernung eines Würfels in einem kHUD zu schätzen als die einer Kugel. Ein Würfel liegt wahrscheinlich auf der Fahrbahn auf, eine Kugel hingegen könnte auch über der Fahrbahn schweben. Dies stützt die Wahrscheinlichkeitsregel, die hier besagt, dass eigentlich nur runde oder rundliche Objekte schweben bzw. fliegen. Die untere Fläche des Würfels passt eher zur flachen Fahrbahn und die Würfelkanten haben denselben Fluchtpunkt wie die Straße, so erzeugt die Geometrie der Straße und des Würfels eine Verbundenheit (Prinzip der Verbundenheit). Durch diese Wahrnehmung wird der Würfel eher als auf der Fahrbahn liegend interpretiert, und ist in seiner Entfernung leichter einzuschätzen.

Mittels der durchgeführten Versuche konnten mit subjektiven und objektiven Daten die Vorteile der einzelnen kontaktanalogen Anzeigen dargestellt werden. Das für ein Serienfahrzeug benötigte Gesamtkonzept als Kombination der untersuchten Anzeigekonzepte und weiterer Anzeigen erfordert aber noch Forschungsarbeit. Denn bestimmte Kombinationen aus den gezeigten Anzeigen können schon zu Inkonsistenzen führen. So zeigt die Engstellenunterstützung einen Einsekundenbereich vor dem eigenen Fahrzeug an, der auch einem minimalen Sicherheitsabstand entspricht. Gleichzeitig ist im ACC-high Konzept der Regelbereich des ACC als Rot-Grün-Übergang am Vorderfahrzeug angeheftet, der ebenfalls einer Art Sicherheitsabstand entspricht. Im Kombinationsfall würde so auf zwei unterschiedliche Weisen ein Sicherheitsabstand angezeigt. Es stellt sich somit die Frage, wie das innere Modell des Menschen vom Sicherheitsabstand beschaffen ist: gehört der Sicherheitsabstand zum eigenen Fahrzeug oder haben die anderen Fahrzeuge einen Sicherheitsbereich, in den man nicht hereinfahren darf?

Hinsichtlich eines Gesamtkonzepts muss auch die Frage nach der maximalen Anzeigemenge beantwortet werden, und ob diese zu Ablenkung oder Sichtverdeckung führen könnte. Im herkömmlichen HUD mit statischen Anzeigen wurde gezeigt, dass auch größere Anzeigemengen nicht ablenkend wirken [26], auf das kHUD ist dies jedoch nicht übertragbar, da hier durch den Anzeigeort im primären Sichtbereich nicht über die Anzeigen hinweggesehen werden kann. Dies wirft zugleich auch die Frage nach der Verdeckung der Realität auf.

Auch die Kombinatorik mit statischen Anzeigen ist noch zu betrachten, denn es wird immer Fälle geben in denen nicht kontaktanalog angezeigt werden kann, wie bspw. die Navigation durch einen Kreisverkehr. Statische Anzeigen können in solchen Fäl-

len eine Rückfallebene sein oder sie werden alternativ immer redundant angezeigt um einen häufigen Wechsel der Anzeigeform zu vermeiden.
Diese Vorteile der kontaktanalogen Anzeigen bilden die treibende Kraft dieser Technologie, die durch einen immer komplexeren Straßenverkehr und eine Fülle von Assistenzsystemen in den nächsten Jahren sicher noch stärker in den Vordergrund rücken wird.

9 Zusammenfassung

Das Betrachten der Fahraufgabe, auch mit der Unterstützung von Fahrerassistenzsystemen, hat vor Augen geführt, dass eine Notwendigkeit besteht, dem Fahrer diese Aufgabe zu erleichtern. Ein Blick auf die menschliche Wahrnehmung und Informationsverarbeitung in Kombination mit möglichen Anzeigetechnologien zeigt ein großes Potenzial für kontaktanaloge Anzeigen im HUD.

Bei einer genaueren Betrachtung dieser Technologie stellt sich heraus, dass es in den letzten 35 Jahren keine der bekannten Lösungen über den Entwicklungsstand einer Machbarkeitsstudie hinaus geschafft hat. Aus dieser Begebenheit heraus wurde der Erfolg versprechende Ansatz von Schneid [1] ausgewählt und bezüglich seiner Umsetzbarkeit zu einem seriennahen Prototypen analysiert.

Als größtes Problem stellte sich der Bauraum für das HUD heraus. Dieser kann nicht beliebig verkleinert werden, da ein Zielkonflikt zwischen der Größe des virtuellen Bildes und des Bauraums besteht. Die Größe des virtuellen Bildes zusammen mit der Größe der Eyebox bestimmt den größten Teil des Bauraums, der sich auch mit heute bekannten optischen Elementen nicht beliebig reduzieren lässt. Aufgrund dieser Tatsache wurde die Eyebox in Größe und Form optimiert, indem sie stärker dem Bewegungsbereich des Fahrers angepasst wurde. Hierzu mussten die Augenpositionen verschiedener Fahrer während der Fahrt aufgezeichnet und ihr Bewegungsbereich analysiert werden. Ebenso optimiert wurde der Bereich des virtuellen Bildes, indem dieser in seiner Größe an die Anzeigeinhalte angepasst wurde. Dies erfolgte mittels Betrachtung der geometrischen Lagen der Anzeigen in verschiedenen Use Cases. Diese und weitere Optimierungen im Bereich der Bildquelle, der Kühlung und der Optik konnten den Bauraum um 53 % auf 5,6 l verkleinern. Des Weiteren wurden Helligkeit, Kontrast und Bildqualität des Systems verbessert. Diese Verkleinerung des Bauraums stellt einen großen Schritt in Richtung Serienrealisierbarkeit dar, da dieser Prototyp nur noch ca. 15 % größer ist als das HUD eines aktuellen BMW 7er. Hierbei darf jedoch nicht außer Acht gelassen werden, dass neue Komponenten wie ein LCoS-Projektor und Headpipes zum Einsatz kamen. Diese erreichen aktuell noch nicht die Spezifikationen für Serienfahrzeuge und auch sicher nicht die Kostenziele.

Die im Rahmen dieser Arbeit entwickelten Anzeigen wurden vor dem Hintergrund entworfen, auch technisch im realen Fahrzeug zu funktionieren. Das impliziert ebenso die Berücksichtigung der zur Verfügung stehenden Bildgröße des HUDs wie auch des Standes der Technik der Umfeldsensorik des Fahrzeugs. Ein geschicktes Anzeigekonzept kann diese begrenzenden Faktoren aber teilweise ausgleichen. So können etwa Objektmarkierungen in die Breite gezogen werden, um mit einem bestimmten Bereich immer im Bild zu bleiben.

Aus dem Versuchsteil dieser Arbeit resultierte der Vorteil der kontaktanalogen Anzeigen gegenüber konventionellen Anzeigen. Die Untersuchungen zeigen auf dem breiten Spektrum von Anzeigen für Fahrerassistenzsysteme, Navigation und Spurhaltung, in welcher Form kontaktanaloge Anzeigen die Fahraufgabe erleichtern. Die kontaktanalogen Anzeigen für den Abstandsregeltempomaten erzeugen einen signifikant geringeren Workload und könnten durch ihre attraktiveren, stimulierenden Anzeigen den Fahrer besser in der Regelschleife halten. Trotz dieser Stimulation wirken sie weniger ablenkend und beeinflussen die restliche Fahrperformance nicht.

Mit kontaktanalogen Navigationsanzeigen unterliefen signifikant weniger Navigationsfehler als mit konventionellen Anzeigen im HUD. Dies ist mit der einfacheren Entfernungseinschätzung zu begründen und kann als eine signifikant niedrigere kognitive Aktivität gemessen werden. Die noch verbliebenen Navigationsfehler traten hauptsächlich durch eine Missdeutung der Manöverrichtung auf, was auf die Darstellung als einzelnen, auf der Fahrbahn liegenden Pfeil zurückzuführen ist. Durch eine Darstellung, die weiter in die zu fahrende Straße zeigt, wären diese Fehler vermeidbar.

Die Anzeige der dynamischen Länge des Fahrzeugs führte in einer Autobahnengstelle zu einer signifikant besseren Spurhaltung. Die Unterstützung durch diese Anzeige wurde jedoch nicht von allen Probanden wahrgenommen bzw. polarisiert der Grad der Unterstützung durch diese Anzeige sehr.

10 Literaturverzeichnis

[1] Schneid, M. : *Entwicklung und Erprobung eines kontaktanalogen Head-up-Displays im Kraftfahrzeug*, Dissertation an der Technischen Universität München, 2009.

[2] Geiser, G. : *Mensch – Maschine – Kommunikation im Kraftfahrzeug*, Habilitationsschrift der Univ. Karlsruhe, 1985.

[3] Bernotat, R. , Anthropotechnik in der Fahrzeugführung, *Ergonomics*, 1970.

[4] Hale, A. R., Stoop, J., Hommels, J., Human error models as predictor of accident scenarios for designer in road transport systems, *Ergonomics*, vol. 33, pp. 1377 – 1387, 1990.

[5] Rasmussen, J. : *Skills, rules and knowledge; signals, signs and symbols and other distructions in human performance models*, IEEE Transaction on Systems, Man and Cybernetics, 1983.

[6] Bubb, H. und Bolte, U: *Head-Up-Display im Kraftfahrzeug - Literaturrecherche*, Katholische Universität Eichstätt, 1991.

[7] Bainbridge, L. , Ironies of Automation, *Automatica*, no. 19, Juni 1983.

[8] Kompaß, K. : "Fahrerassistenzsysteme der Zukunft – auf dem Weg zum autonomen Pkw?" in *Forschung für das Auto von Morgen*, Springer-Verlag Berlin Heidelberg, 2008.

[9] Israel, B., Seitz, M., Senner, B., Bubb, H., "Kontaktanaloge Anzeigen für ACC – im Zielkonflikt zwischen Stimulation und Ablenkung" in *4. Tagung Sicherheit durch Fahrerassistenz, TÜV Süd*, München, 2010.

[10] Goldstein, E. B.: *Wahrnehmungspsychologie: Der Grundkurs*, Spektrum Akademischer Verlag, Heidelberg, 2007.

[11] Golenhofen, K. : *Physiologie heute*, Urban & Fischer Verlag, München, 2004.

[12] Schmidtke, H. : *Ergonomie*, Hanser, München, 1993.

[13] Biedermann, I., Mezzanotte,R.J., Rohinowitz,J.C., Scene Perception: Detecting and Judging Objects Undergoing Relational Violations, *Cognitive Psychology*, no. 14, 1982.

[14] Murell, K. F. H.: *Ergonomie. Grundlagen und Praxis der Gestaltung optimaler Arbeitsverhältnisse*, Düsseldorf, Wien, 1971.

[15] Milgram, P., Takemura, H.,Utsumi, A., Kishino, F.: *Augmented Reality: A class of displays on the reality-virtuality continuum*, Proceedings of Telemanipulator and Telepresence Technologies, 1994.

[16] Gross, Herbert : *Handbook of Optical Systems. Band 1-6.*, Gross, Herbert , Hg., Wiley-VCH Verlag GmbH & Co. KGaA, 2005.

[17] (2008, Nov.) Wikipedia.org. [Online]. http://de.wikipedia.org/wiki/Spiegel

[18] Remlinger, W., Bubb, H., "RAMSIS kognitiv - das Menschmodell lernt sehen" in *Bericht zum 54. Kongress der Gesellschaft für Arbeitswissenschaft vom 9.-11. April 2008 in München*, 2008.

[19] Nakamura, K. et al., "Windshield Display for Intelligent Transport System" in *Proceedings of the 11th World Congress on Intelligent Transportation Systems*, Nagoya, 2004.

[20] Bergmeier, U. : *Kontaktanalog markierendes Nachtsichtsystem - Entwicklung und experimentelle Absicherung*, Dissertation an der Technische Universität München, 2009.

[21] (2010, Aug.) Virtual Cable. [Online]. http://www.mvs.net/

[22] Bubb, H. : *Untersuchung über die Anzeige des Bremsweges im Kraftfahrzeug*, Dissertation an der Technischen Universität München, 1975.

[23] Bubb, H. : "Einrichtung zur optischen Anzeige eines veränderlichen," DE 2633067 C2, Feb. 02, 1978.

[24] Trefflich, B. : *Videogestützte Überwachung der Fahreraufmerksamkeit und Adaption von Fahrerassistenzsystemen*, Dissertation der Technischen Universität Ilmenau, 2010.

[25] DIN33402-2, Ergonomie - Körpermaße des Menschen - Teil 2: Werte, 2009.

[26] Miličić, N. : *Sichere und ergonomische Nutzung von Head-Up Displays im Fahrzeug*, Dissertation an der Technischen Universität München, 2010.

[27] Saxe, S. , "Pico-Projection Technology for Automotive Displays" in *SID-ME Chapter Fall Meeting*, Sindelfingen, 2010.

[28] Lange, C. : *Wirkung von Fahrerassistenz auf der Führungsebene in Abhängigkeit der Modalität und des Automatisierungsgrades*, Dissertation an der Technischen Universität München, 2008.

[29] Hooey, B.L., Foyle, D.C., Andre, A.D., Integration of Cockpit Displays for Surface

Operations: The Final Stage of a Human-Centered Design Approach, SAE *Transactions: Journal of Aerospace*, no. 109, 2000.

[30] Sato, A., Kitahara, I., Yoshinari, K., & Yuichi, O., "Visual navigation system on windshield head-up display" in *Proceedings of 13th world congress & exhibition on intelligent transport systems and services*, 2006.

[31] Schaer, P. und Thum, M. : *Visualisierung und Interaktion in der Erweiterten Realität*, VDM Verlag, Saarbrücken:, 2007.

[32] Gorjestani, A., Alexander, I., Newstrom,B., Cheng, P., "Driver Assistive Systems for Snowplows - Final Report" University of Minnesota, MN/RC – 2003-13, 2003.

[33] Lim, H., Newstrom,B., Shankwitz, C. und Donath, M. , "A Heads Up Display Based on a DGPS and Real Time Accessible Geo-Spatial Database for Low Visibility Driving" in *Proceedings of the 12th International Meeting of the Satellite Division of the Institute of Navigation (ION GPS '99)*, Nashville, Tennessee, 1999.

[34] Plavšic, M., Duschl, M., Tönnis, M., Bubb, H., Klinker, G., "Ergonomic Design and Evaluation of Augmented Reality Based Cautionary Warnings for Driving Assistance in Urban Environments" in *17th World Congress on Ergonomics (International Ergonomics Association, IEA)*, Beijing, 2009.

[35] Israel, B. und Bubb, H. , "Augmented Reality im Fahrzeug – Möglichkeiten und Grenzen der Darstellung mit dem kontaktanalogen Head-up Display" in *5. Fachtagung USEWARE*, Baden-Baden, 2010.

[36] Philipp, S., Thum, M.: *Visualisierung und Interaktion in Erweiterten Realitäten*, VDM Verlag, Saarbrücken, 2007.

[37] Gengenbach, R. : *Fahrerverhalten im Pkw mit Head-up-Display - Gewöhnung und visuelle Aufmerksamkeit*, VDI Fortschrittsberichte Reihe 12: Verkehrstechnik / Fahrzeugtechnik, 1997.

[38] Hassenzahl, M. ; Burmester, M. und Koller, F. : "AttrakDiff: Ein Fragebogen zur Messung wahrgenommener hedonischer und pragmatischer Qualität" in *Mensch & Computer 2003. Interaktion in Bewegung*, J.Ziegler, und Szwillus, G. , Hrsg, B.G. Teubner.

[39] Tönnis, M. : *Towards Automotive Augmented Reality*, Dissertation an der Fakultät für Informatik TUM, 2008.

[40] Nakamura, K. et al., "Windshield Display for Intelligent Transport System" in *Proceedings of the 11th World Congress on Intelligent Transportation Systems*, Nagoya, 2004.

[41] (2011, Nov.) Open Street Map. [Online]. http://www.openstreetmap.de/

[42] (2011, Mai) Wikipedia. [Online]. http://de.wikipedia.org

[43] Israel, B. et al., "Contact analog Information in the Head-up Display – How much information supports the driver?" , Miami, USA, 2010.

11 Anhang

11.1 Häufigkeitsverteilung der Nasenwurzelposition während der Fahrt

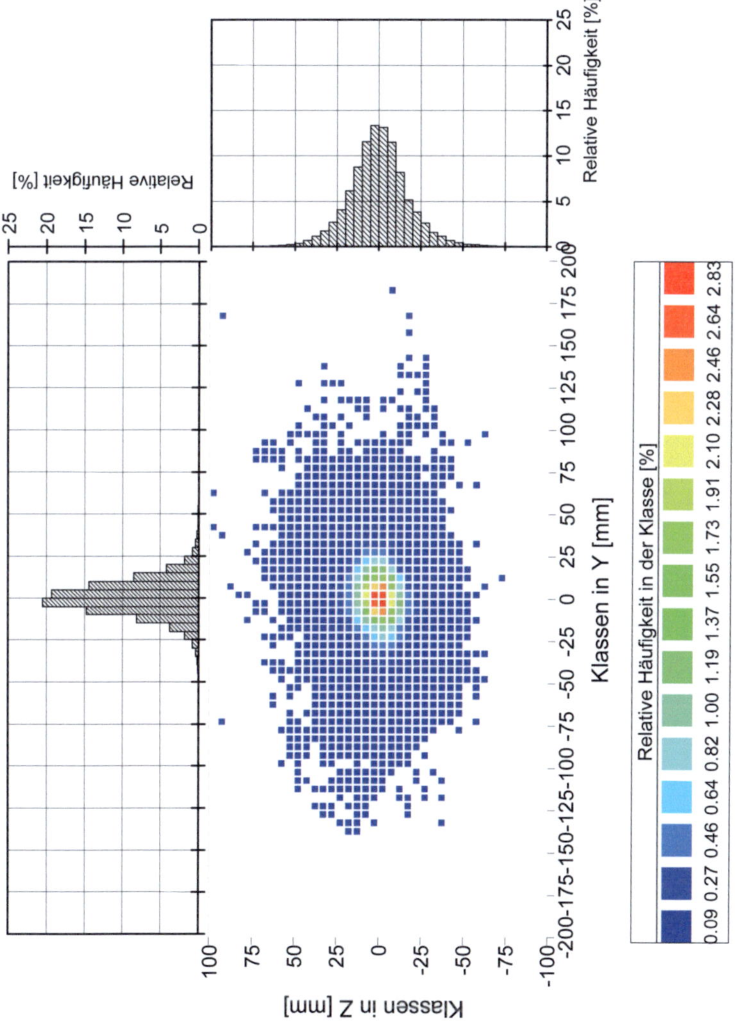

11.2 Nutzungsverhalten von ACC-Anzeigen im Kombiinstrument

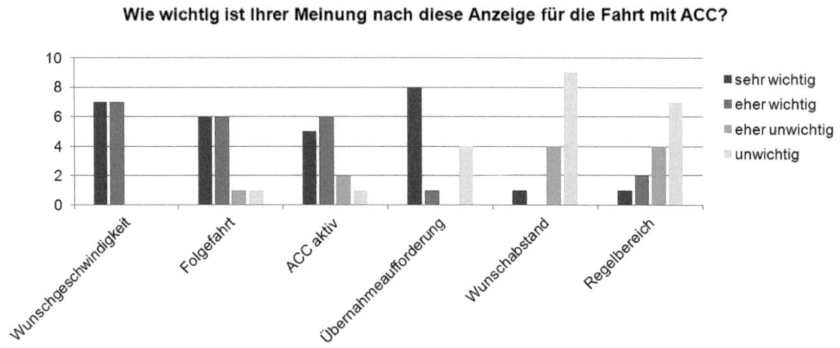

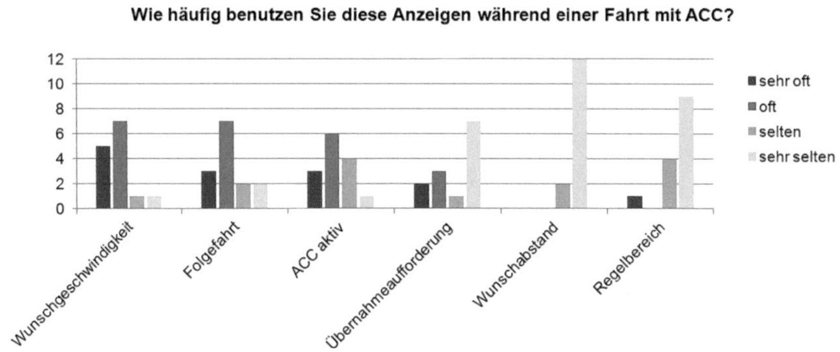